Wenn E-Mails nerven

Günter Weick
Wolfgang Schur

Wenn E-Mails nerven

So bekommen Sie die Kontrolle zurück und
arbeiten besser, schneller und sicherer

berufsstrategie

Die Autoren
Günter Weick und **Wolfgang Schur** helfen mit ihrer Firma SofTrust Consulting seit 2001 Unternehmen, E-Mails besser, produktiver und sicherer einzusetzen. Sie haben zahlreiche Artikel zu diesem Thema veröffentlicht und halten regelmäßig Vorträge darüber. Sie leben in Wien und Dachau bei München. Weitere Informationen zu den Autoren finden Sie auf Seite 153.

Für Susanne und Christine

1 2 3 4   09 08

© Eichborn AG, Frankfurt am Main, Februar 2008
Umschlaggestaltung: Christiane Hahn
unter Verwendung einer Illustration von © gettyimages
Gesamtherstellung: Fuldaer Verlagsanstalt, Fulda
ISBN 978-3-8218-5952-1

Eichborn Verlag, Kaiserstraße 66, D-60329 Frankfurt am Main
Mehr Informationen zu Büchern und Hörbüchern aus dem Eichborn Verlag finden Sie unter www.eichborn.de

Inhalt

Die Nagelprobe

Wenn es um elektronische Post geht, haben die meisten von uns einen blinden Fleck. Wir akzeptieren Dinge, die wir in anderen Lebensbereichen nie dulden würden – beispielsweise Rechtschreib- oder Tippfehler. Obwohl unsere Schulungsteilnehmer seit Jahren elektronische Post nutzen und das entsprechende Wort auch täglich mehrmals schreiben, kennen nur ca. 40 Prozent von ihnen die korrekte Schreibweise – und auch von diesen ist sich die Hälfte nicht hundertprozentig sicher. Interessanterweise finden 85 Prozent diese Unkenntnis nicht einmal besonders schlimm. Noch interessanter ist allerdings, dass 96 Prozent desselben Personenkreises es für vollkommen niveaulos hielten, wenn ihnen jemand einen Brief mit folgendem Beginn schreiben würde: »Mit diesem Prief erhalten Sie ...«

Wie erklärt sich dieser Unterschied in der Sichtweise? Weshalb räumen wir der elektronischen Post andere Rechte ein als einem Brief? Diese und andere Fragen werden wir in den folgenden Kapiteln beantworten.

Testen Sie sich doch einfach mal selbst. Wie lautet gemäß Duden die korrekte deutsche Schreibweise für »Elektronische Post«?

A) e-Mail   E) E-mail
B) eMail   F) Email
C) E-Mail   G) e-mail
D) EMail   H) email

Eigentlich dürfte Ihnen die richtige Antwort kein Problem bereiten. Sie haben die korrekte Schreibweise bereits im Buchtitel gelesen ...

1. Ein Vierteljahrhundert E-Mails

Wer sich über E-Mail äußert, sollte sich zunächst einmal offenbaren. Es ist nämlich ein großer Unterschied, ob sich ein glühender E-Mail-Verfechter zu einem bestimmten Punkt kritisch äußert – oder jemand, der an E-Mail ohnehin kein gutes Haar lässt. Das Gleiche gilt natürlich auch für positive Stellungnahmen.

Um es klar vorwegzusagen: Wir, Günter Weick und Wolfgang Schur, sind von E-Mail begeistert. E-Mail ist eine fantastische Erfindung, und sie ist eine unverzichtbare Grundlage unserer täglichen Arbeit. Vieles wäre uns ohne E-Mail überhaupt nicht möglich. Als kleines Beratungsunternehmen könnten wir ohne E-Mail beispielsweise gar nicht international arbeiten. Wir könnten auch nicht in unterschiedlichen Ländern leben, wie wir es tun, ohne dabei unseren persönlichen intensiven Kontakt zu verlieren.

Allerdings haben wir in den vergangenen Jahren auch Erfahrungen mit E-Mail gemacht, die in bestimmten Punkten zur Vorsicht mahnen. Aufgrund unseres Alters und unserer beruflichen Anfänge in der IT-Industrie dürfen wir auf eine überdurchschnittlich lange E-Mail-Erfahrung zurückblicken und damit wohl auch auf mehr Höhen und Tiefen als die meisten E-Mail-Nutzer. Günter Weick kam erstmals 1983 mit E-Mail in Berührung. Damals wechselte er von einem deutschen Unternehmen zu einem amerikanischen Konzern und erlebte dort staunend, wie problemlos man über Zeitzonen hinweg zusammenarbeiten konnte. Allerdings hatten damals nur Sekretärinnen einen eigenen Bildschirmarbeitsplatz. E-Mails wurden für die Empfänger noch ausgedruckt und nach deren Vorgaben oder Diktat von den Sekretariaten beantwortet. Als Wolfgang Schur 1989 erstmals mit dem neuen Medium in Berührung kam, schrieb er seine E-Mails schon selbst.

Seitdem ist viel geschehen. Wir haben eine lange Reihe von E-Mail-Systemen und E-Mail-Clients in den unterschiedlichen Versionen durchlaufen. Es gab Zeiten, in denen wir ausschließlich auf die eigenen Finger an der Tastatur angewiesen waren, und Phasen, in denen wir als Manager die Möglichkeit hatten, eine Sekretärin in die E-Mail-Bearbeitung einzubinden. Wir hatten mal feste Büros, mal waren wir überwiegend mobile Anwender – mit E-Mails als Nabelschnur zum Unternehmen. Wir haben mit E-Mail-Alternativen wie Instant Messaging, Bulletin Boards, SMS, Filesharing etc. gearbeitet und E-Mail aus der Sicht der Anwender, aber auch aus der Sicht der Administratoren kennengelernt. Mit anderen Worten: Es gibt nur wenig im E-Mail-Umfeld, das wir in den vergangenen beinahe 25 Jahren nicht an uns selbst erlebt haben – und das wenige, das wir noch nicht selbst erfahren haben, konnten wir bei den Unternehmen, die wir bei der Gestaltung ihrer E-Mail-Kultur unterstützen, hautnah erleben.

So viel zu uns. Jetzt zu Ihnen!

2. Wo stehen Sie?

Sie wissen nun, wie wir als Autorenteam zu E-Mail stehen. Wo aber stehen Sie selbst? Im Folgenden sind zehn Fragen aufgelistet. Beantworten Sie diese schnell und ohne lange zu überlegen. Kreuzen Sie pro Frage jeweils immer nur eine Option an. Sofern mehrere Antworten infrage kommen, entscheiden Sie sich bitte für die, die am meisten zutrifft. Geben Sie bitte immer Ihre wahre Meinung wider – und nicht das, was Sie als gewünschte »richtige« Antwort betrachten. Je ehrlicher Sie sind, desto mehr Vorteile werden Sie in der Folge aus diesem Buch ziehen können. In einem der folgenden Kapitel werden wir auf den Fragebogen zurückkommen und ihn gemeinsam mit Ihnen auswerten.

1 **Ist E-Mail Ihr bevorzugtes Kommunikationsmittel?**
   A: ja, mit Abstand   B: ja, meistens
   C: nein, eher nicht   D: nein, gar nicht

2 **Wie oft pro Tag prüfen Sie Ihre E-Mails?**
   A: oft überhaupt nicht   B: 1–3 Mal
   C: 4–7 Mal   D: öfter als 7 Mal

3 **Wann sehen Sie an einem normalen Arbeitstag erstmals in Ihre E-Mail-Box?**
   A: auf dem Weg zur Arbeit (Blackberry etc.)
   B: sofort nach Arbeitsantritt
   C: innerhalb der ersten Stunde nach Arbeitsantritt
   D: im Lauf des Vormittags
   E: erst wenn alle anderen Arbeiten des Tages erledigt sind

4 **Wenn eine neue E-Mail eingetroffen ist, öffnen Sie sie dann immer gleich?**
   A: ja, immer   B: ja, meistens
   C: nein, nur selten   D: nein, nie

5 **Rufen Sie E-Mails auch von zu Hause aus ab?**
(Sofern Sie nicht die Möglichkeit zum Abruf haben, geben Sie bitte an,
was Sie tun würden, wenn Sie diese Möglichkeit hätten.)

A: ja, oft
B: ja, gelegentlich
C: nein, nur selten
D: nein, nie

6 **Rufen Sie E-Mails auch am Wochenende ab?**
(Sofern Sie nicht die Möglichkeit zum Abruf haben, geben Sie bitte an,
was Sie tun würden, wenn Sie diese Möglichkeit hätten.)

A: ja, oft
B: ja, gelegentlich
C: nein, nur selten
D: nein, nie

7 **Rufen Sie E-Mails auch im Urlaub ab?**
(Sofern Sie nicht die Möglichkeit zum Abruf haben, geben Sie bitte an,
was Sie tun würden, wenn Sie diese Möglichkeit hätten.)

A: ja, oft
B: ja, gelegentlich
C: nein, nur selten
D: nein, nie

8 **Kommen Sie aufgrund der Zeit, die das E-Mailen beansprucht,**
nicht mehr zu bestimmten Dingen, die Sie früher getan haben?

A: ja, oft
B: ja, gelegentlich
C: nein, nur selten
D: nein, nie

9 **Hat Ihnen schon einmal jemand gesagt,**
die Arbeit mit E-Mail hätte Sie verändert?

A: ja, oft
B: ja, gelegentlich
C: nein, nie

10 **Haben Sie schon einmal E-Mails abgerufen/bearbeitet,**
um sich vor einer anderen, unangenehmen Aufgabe zu drücken,
obwohl diese wichtiger gewesen wäre?

A: ja, oft
B: ja, gelegentlich
C: nein, nur selten
D: nein, nie

3. Worauf sich dieses Buch konzentriert

E-Mail hat eine persönliche und eine geschäftliche Seite. Und zwar in zweierlei Hinsicht: Es gibt zum einen private und geschäftliche E-Mails, und es gibt eine persönliche und eine geschäftliche Sicht auf diese beiden E-Mail-Typen.

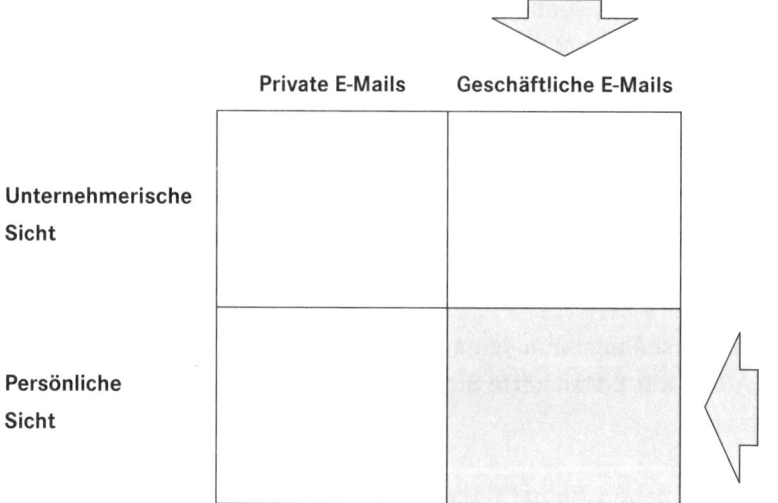

Dieses Buch beschäftigt sich ausschließlich mit beruflichen E-Mails, da diese für viele Anwender zum Problem werden. Private E-Mails sind dagegen im wahrsten Sinne des Wortes Privatvergnügen. Bei ihnen soll unserer Meinung nach alles erlaubt sein, was Spaß macht und nicht gegen elementare Rechte anderer verstößt. Ob private E-Mails richtig oder gar effizient geschrieben sind, spielt praktisch keine Rolle.

Bei der Behandlung beruflicher E-Mails konzentriert sich dieses Buch außerdem auf die Interessenlage des einzelnen Anwenders und nicht auf die des Unternehmens. Wir wollen Ihnen, dem Anwender, helfen, einen besseren und effizienteren Umgang mit geschäftlichen E-Mails zu finden.

4. Weshalb E-Mail so toll ist

In unseren Seminaren bezeichnen wir E-Mail häufig als eine Kombination aus »Post-it«-Aufklebern und Magie. E-Mail hat die Einfachheit und Universalität der kleinen gelben Klebezettel – und die wahrlich magische Fähigkeit, dass diese nicht nur weltweit an beliebige Bildschirme geklebt werden können, sondern dass ihnen auch noch zusätzliches Gepäck mitgegeben werden kann.

Kommunikationswissenschaftler können es bei solchen anschaulichen Vergleichen natürlich nicht bewenden lassen. Sie erklären, dass es die einzigartige Kombination medialer Eigenschaften war, die E-Mail unwiderstehlich machte. Im Einzelnen identifizieren sie folgende Erfolgsfaktoren:

E-Mail ist **schnell**. Das bedeutet, dass Nachrichten praktisch ohne merkbaren Zeitverlust weltweit ausgetauscht werden können. Die räumliche Distanz als limitierender Faktor entfällt vollständig. Man kann ebenso schnell mit einem Projektmitarbeiter in Australien kommunizieren wie mit dem Kollegen im Nachbargebäude.

E-Mail ist **asynchron**. Darunter versteht man, dass Sender und Empfänger nicht gleichzeitig anwesend und dazu bereit sein müssen, damit eine Kommunikation zustande kommt. Es ist also nicht notwendig, mitten in der Nacht aufzustehen, um mit dem Kollegen in Australien zu kommunizieren. Nicht nur der Sender, sondern auch der Empfänger kann sich für die Kommunikation die Zeit aussuchen, in der es ihm am besten passt.

E-Mail ist **multimedial**. Per E-Mail können beliebige Informationsformate verschickt werden: Texte, Grafiken, Filme, Audios, Präsentationen etc.

E-Mail ist **nicht flüchtig**. Alle Äußerungen und die mitgeschickten Anhänge sind dokumentiert. Man muss sich kaum noch separate Notizen machen. Alles ist »schwarz auf weiß« vorhanden.

Die Kommunikationsbeiträge sind vergleichsweise **einfach verwalt- und wiederfindbar**. Anders als einen (Fax-)Brief muss man E-Mails nicht extra lochen und in Ordnern und Schränken ablegen. Praktisch alle Suchkriterien sind bereits automatisch vorhanden: Absender, Datum, Betreff etc. Geniale Such-werkzeuge wie beispielsweise die Volltextsuche lassen den Anwender auf Knopfdruck Dokumente wiederfinden, die in einer Papierablage auf immer und ewig vergraben wären.

E-Mails sind **wiederverwendbar**. Das bedeutet, dass der Empfänger auf die Arbeitsleistung des Absenders aufbauen kann. Er kann z. B. die ganze E-Mail oder Teile daraus mit »Kopieren+Einfügen« in ein Textverarbeitungspro-gramm oder in eine neue E-Mail übernehmen. Gleiches gilt für Anhänge. Jede mitgeschickte Datei kann vom Empfänger verwendet werden, wenn er über die entsprechenden Programme verfügt.

E-Mail verlangt vom Sender **praktisch keinen Grenzaufwand**. Hinter die-ser etwas komplizierten Formulierung verbirgt sich der Umstand, dass der Sender einer E-Mail weitere Empfänger hinzufügen kann, ohne deshalb einen merklichen Mehraufwand betreiben zu müssen.

E-Mail ist **preiswert** (zumindest war es das lange Zeit). Man muss keine teuren Briefmarken kleben. Außerdem macht es preislich keinen Unterschied, wo sich der Empfänger befindet. Die Kosten sind immer gleich und vergleich-bar gering.

E-Mail ist **universell**. Sie lässt sich sehr einfach auch für kommunikations-fremde Aufgaben ge- beziehungsweise missbrauchen. Viele E-Mail-Nutzer organisieren ihr Leben regelrecht um das E-Mail-System herum. Sie konsul-tieren nicht eine Aufgabenliste, sondern ihr E-Mail-System, wenn sie wissen wollen, was noch zu erledigen ist (»Was ist noch als unbearbeitet markiert?«). Sie suchen Dateien nicht im Dateisystem, sondern im Postausgang (»Die Datei habe ich einmal dem Maier geschickt«). Adressen suchen sie ebenfalls nicht in der Adressverwaltung, sondern im Posteingang (»Der hat mir vor zwei Wochen eine E-Mail geschickt. Da ist sicherlich eine Signatur enthalten«).

Last but not least gilt E-Mail als **einfach zu beherrschen**. Es gibt wohl kaum jemanden, der länger als eine halbe Stunde Einweisung in einen E-Mail-Client benötigt, um seine erste E-Mail zu versenden oder zu empfangen – vor allem dann, wenn er oder sie bereits mit einer Textverarbeitung und dem Da-teisystem vertraut ist.

Alle diese Eigenschaften führten dazu, dass in den letzten zwanzig Jahren weltweit Unternehmen in eine E-Mail-Infrastruktur investierten und damit den letzten großen Vorteil von Brief, Telefon und Fax ausglichen: die **welt-**

weite Abdeckung. Heute ist praktisch jedes Unternehmen per E-Mail zu erreichen.

	Brief	Fax	Telefon	E-Mail
Schnell		x	x	x
Asynchron	x	x		x
Multimedial				x
Nicht flüchtig	x	x		x
Einfach verwalt- und wiederfindbar				x
Wiederverwendbar				x
Minimaler Grenzaufwand				x
Preiswert		x	x	x
Universell				x
Einfach zu beherrschen	x	x	x	x
Hoher Abdeckungsgrad	x	x	x	x

Als langjährige Berater im E-Mail-Umfeld sind wir davon überzeugt, dass es eine emotionale Beziehung zu E-Mail gibt, für die deren Entstehungsgeschichte eine wichtige Rolle spielt. Die E-Mail-Software wurde sehr hemdsärmelig erfunden, und zwar von einem Programmierer, der dies heimlich während seiner Arbeitszeit tat. Deshalb wäre sein Programm beinahe gar nicht bekannt geworden. Dieser Programmierer, Ray Thomlinson, hatte kein kommerzielles Produkt im Sinn, sondern schlicht und einfach ein Werkzeug, um mit seinen Programmiererkollegen im Arpanet (dem Vorgänger des Internets) Nachrichten und Dateien auszutauschen. Das Arpanet bestand damals aus gerade einmal 23 Rechnern. Die Programmierer dieser Rechner kannten sich praktisch alle persönlich. Entsprechend locker und vertrauensvoll war der Umgangston. Es ist uns nicht ganz klar, ob Ray Thomlinson diesen Gemeinschaftsgeist in das neue Werkzeug hineinprogrammierte[1] oder ob in den folgenden Jahren der intensiven Nutzung[2] der kollegiale Ton auf E-Mail abfärbte. Wahrscheinlich trifft beides zu. Tatsache ist, dass jeder neue E-Mail-Nutzer am eigenen Leibe erleben kann, dass es beim E-Mail-Austausch informeller und lockerer zugeht als bei allen anderen geschäftlichen Kommunikationsformen. Die Kommunikationspartner werden eher wie Freunde angesprochen denn als Kollegen, Kunden oder Lieferanten. Hierarchien spielen eine untergeordnete Rolle. Man muss fast aufpassen, dass man nicht alle Adressaten duzt (wobei das viele ohnehin tun). Rechtschreib- und Formatierungsfehler erscheinen unwichtig.

Die magische Grundformel von E-Mail macht den Menschen nicht zum Nutzer einer Technologie, sondern zum Mitglied einer engen Gemeinschaft, sie stellt eine Verbindung her. Nicht einmal das obere Management kann sich dieser Magie entziehen. Vorstände, die selbst nie eine Telefonnummer gewählt haben, geschweige denn einen Brief getippt hätten (»Wozu hat man denn eine Sekretärin?«), drängen plötzlich zur persönlichen Bearbeitung ihrer E-Mails. E-Mail hat mehr für flache Organisationen, für die Übergabe von Verantwortung nach unten und für die Verlagerung von Tipparbeit nach oben getan als jede andere organisatorische oder technische Maßnahme.

Wir lieben E-Mail vermutlich deshalb so innig, weil sie uns zum Bestandteil eines Netzwerks von Menschen macht, die wir als unsere Freunde betrachten. Wir tauchen in eine Gemeinschaft ein, die nicht danach fragt, was oder wer wir sind. Ähnlich wie am FKK-Strand, bei dem Kleidung keinen Aufschluss über die Person geben kann, ist auch an der E-Mail nicht ablesbar, welchen Status und welche Ansprüche der Einzelne hat. Das ändern nicht einmal die inzwischen üblichen Signaturen. Vor der E-Mail sind wir scheinbar alle gleich.

Gleichzeitig erlaubt sie uns, auf Distanz zu bleiben. Wir brauchen unsere Kommunikationspartner nicht näher an uns heranzulassen, als wir das möchten. Uns bleibt das Weiße im Auge des Gegenübers erspart. Die Buchstaben einer E-Mail verraten weder unser Alter, noch ob wir dick oder dünn sind, eine Fistelstimme oder einen Bass haben oder ob wir einen Dialekt sprechen. Sie zeigen auch nicht, ob wir rot werden, und sie verraten nicht, wie lange wir an einer witzigen Formulierung gefeilt haben.

5. Wundermittel mit Nebenwirkung – wenn E-Mail plötzlich zur Belastung wird

Wo derart viel Licht ist, kann der Schatten nicht weit sein. Und diese Schatten werden umso sichtbarer, je intensiver und breiter E-Mail eingesetzt wird.

Solange wir täglich so wenige E-Mails erhalten, dass wir uns über jede einzelne freuen können, werden wir an E-Mail keine Schwachstelle entdecken. Dies ist normalerweise zu Beginn unserer E-Mail-Karriere der Fall. Die vorherrschende Emotion ist Euphorie. Das ändert sich, sobald uns das E-Mail-Volumen allmählich über den Kopf zu wachsen beginnt. Wann das ist, ist von Person zu Person unterschiedlich. Einige Menschen fühlen sich schon bei zehn E-Mails pro Tag stark belastet. Andere nehmen E-Mails erst dann als Bürde wahr, wenn sie täglich mehr als hundert erhalten. Falls Sie sich dieses Buch selbst gekauft haben, spricht das dafür, dass Sie Ihre persönliche Komfortzone bereits verlassen haben. (Sofern Sie das Buch als Geschenk bekommen haben, bedeutet dies vermutlich, dass der Schenkende meint, Sie würden sich von E-Mails zu stark vereinnahmen lassen.)

Das Phänomen, dass Probleme erst bei intensiver Nutzung auftreten, ist für unsere Gesellschaft nicht neu. Vergleichbares hat sich bei der Motorisierung im vergangenen Jahrhundert abgespielt: Solange nur wenige Pkws auf den Straßen waren, gab es für die Automobilisten praktisch nur Genuss. Erst mit zunehmender Kraftfahrzeugdichte traten Probleme für die Autofahrer und die Gesellschaft ans Licht: explodierende Unfallzahlen, jährlich Tausende Verkehrstote, Hunderttausende von Verletzten, Milliarden an Sachschäden, Parkplatznot, Versiegelung der Natur, zahllose verschwendete Stunden im Stau, emotionale Anspannung, Umweltverschmutzung etc. etc. Mit diesen »Nebenwirkungen« hatten die Erfinder des Automobils nie gerechnet.

Die für die einzelnen E-Mail-Anwender mit Abstand wichtigste negative Nebenwirkung ist die zeitliche Belastung durch die Bearbeitung der eingegangenen E-Mails. Je nach Untersuchung verbringen Angestellte und Manager heute durchschnittlich 15 bis 25 Prozent[3] ihrer Arbeitszeit mit der Bearbeitung der E-Mails. Und das ist noch längst nicht das Ende der Entwicklung. Die meisten Beschäftigten erwarten in den nächsten Jahren eine weitere Steigerung der Intensität der Nutzung. Die überwiegende Anzahl der E-Mail-Nutzer fühlt sich angesichts der Zahl der auf sie einströmenden E-Mails stark belastet. Sie empfinden sich durch E-Mail zu sehr vereinnahmt. Ihnen fehlt die Zeit für andere wichtige Tätigkeiten. Andere Angestellte erleben sich bereits nicht mehr als Herr, sondern als Sklave des E-Mail-Systems. Es geht ihnen wie dem Zauberlehrling aus Goethes gleichnamiger Ballade: Sie haben die Kontrolle verloren und stehen dem Geschehen hilflos gegenüber. Das schlägt bei einigen Mitarbeitern schon auf die Gesundheit. In den USA sollen zehn Prozent jener Mitarbeiter, die nicht zur Arbeit erscheinen, dies mit der Angst vor dem überquellenden E-Mail-Eingang begründen. Ein Schulungsteilnehmer sagte uns einmal: »Sisyphus' unendliche Aufgabe würde heute nicht mehr im Wälzen eines Felsbrockens bestehen. Stattdessen würde man ihn im Schweiße seines Angesichts den ganzen Tag E-Mails beantworten lassen – nur um ihm am Ende des Tages den Posteingang wieder mit Hunderten neuer E-Mails zu füllen.«

E-Mails können sehr viel schneller ausgetauscht werden als herkömmliche Geschäftspost, und der Empfänger kann zudem direkt auf die Arbeit des Senders aufsetzen. Deshalb können Vorgänge wesentlich zügiger abgewickelt werden als früher. Dies bewirkt eine Beschleunigung der Arbeitsprozesse. So positiv dies zunächst ist, so führt es doch zu einer Leistungsverdichtung für die Mitarbeiter. »Eilige« Vorgänge dominieren zunehmend die tägliche Arbeit. Langfristige konzeptionelle Aufgaben rutschen in den Hintergrund und dümpeln dort meist unerledigt vor sich hin. Der Mitarbeiter spielt zunehmend Feuerwehr. Er wird nur auf Anstoß hin aktiv. Die Einsätze sind zahlreich, dafür eher kurz. Es bleibt meist wenig Zeit, sich über einen Erfolg zu freuen. Die nächste eilige Anforderung wartet bereits im Posteingangskorb. Mitarbeitern entgeht damit eine Quelle für Bestätigung. Dabei sind die bewussten Erfolgserlebnisse so wichtig für eine hohe Motivation.

Sich einfach einmal zurückzulegen und einen Moment zu genießen ist schon deshalb nicht möglich, weil hinsichtlich der Reaktionszeit für E-Mails wesentlich höhere Erwartungen bestehen als beispielsweise bei einem Brief. Ein Europäer erwartet eine Antwort auf seine E-Mail normalerweise innerhalb von 24 Stunden. In den USA wird ein Absender schon nach drei Stunden nervös. Die Entschuldigung, man sei auf Reisen oder gar im Urlaub, wird immer weniger akzeptiert. Schließlich gibt es Technologien, mit denen man überall und zu allen Zeiten seine E-Mails abrufen kann.

Der Druck schlägt voll auf die einzelnen Mitarbeiter durch. Sie fühlen sich verpflichtet, ständig verfügbar und reaktionsbereit zu sein. Laut einer Studie von SofTrust Consulting[4] unterbrechen 72 Prozent aller Befragten ihre laufende Arbeit, um eine neu eingegangene E-Mail sofort auf ihre Relevanz zu sichten. Die Unterbrechung raubt Konzentration. Es dauert im Durchschnitt 15 Minuten, bis die Konzentration wieder aufgebaut ist – sofern man überhaupt wieder an die alte Arbeit zurückkehrt und nicht einer neuen, durch die E-Mail entstandenen Anforderung hinterherjagt. Ständig unterbrochen zu werden stresst. Der Umstand, dass unsere anderen Arbeiten dadurch deutlich später fertig werden und qualitativ nicht dem gewohnten Standard entsprechen, macht uns auch nicht glücklicher.

E-Mail verschlechtert eindeutig die Qualität der Kommunikation. Der zeitliche Aspekt wird wichtiger als die Qualität. Man schreibt schlampiger und unvollständiger, als man das in einem Brief tun würde. Da man zeitlich so unter Druck steht, nie auf Profilevel zu tippen gelernt hat und der Empfänger im Zweifel immer einfach per E-Mail zurückfragen kann, schreibt man nachlässig. Oft sind dann die für einen Vorgang wichtigen Informationen über zahlreiche E-Mails verstreut. Außerdem werden mehr Personen als früher in jeden Vorgang involviert. Rückfragen und Missverständnisse sind an der Tagesordnung. Dies führt dazu, dass ein E-Mail-Austausch im Endeffekt wesentlich mehr Aufwand bedeutet als ein Telefonat und teilweise sogar mehr als ein Brief.

Die Zeit, die in die E-Mail-Bearbeitung fließt, steht naturgemäß nicht mehr für andere Tätigkeiten zur Verfügung. Trotzdem soll die Arbeit natürlich weiterhin gemacht werden. Es gibt drei Wege, wie mit diesem Dilemma umgegangen wird: entweder das Gleiche innerhalb kürzerer Zeit erledigen oder mehr Stunden arbeiten oder die eigentliche Arbeit mit schlechtem Gewissen vernachlässigen. Keiner dieser drei Wege befriedigt. Es wundert deshalb nicht, dass sich Angestellte zunehmend gestresst fühlen. Interessanterweise führen aber nur wenige dies auf E-Mail zurück.

Verglichen mit einem persönlichen Gespräch, einem Telefonat, einem Brief oder einem Fax, ist E-Mail kommunikationstechnisch ein sehr armes Medium. Kommunikation besteht nämlich nicht nur aus Worten. Im Gegenteil, die

Worte machen aus Sicht der Kommunikationswissenschaftler nur einen kleinen Teil einer Nachricht aus. Laut verschiedener Untersuchungen geht der Anteil des in einem persönlichen Gespräch inhaltlich Gesagten nur zu 7 Prozent in die Beurteilung des Zuhörers ein. 39 Prozent sind Beziehungsaspekte (v. a. die Betonung), und ganze 54 Prozent sind nonverbale Signale (v. a. Körpersprache, aber auch Kleidung, Aussehen etc.). Beziehungsaspekte und nonverbale Kommunikation sind bei E-Mail nur wenig ausgeprägt. Das bedeutet einen deutlichen Nachteil gegenüber den anderen Kommunikationsmedien. Da das Medium so arm ist, wird jeder kleine Anhaltspunkt vom Unterbewusstsein des Empfängers sofort zur Interpretation genutzt. Bei E-Mails kommt es deshalb viel häufiger zu Kommunikationsunfällen (Missverständnissen, Differenzen, Streit etc.) als bei einem persönlichen Gespräch.

E-Mail begünstigt einen sehr offenen und direkten Ton. Der Umstand, dass man dem Gegenüber nicht direkt ins Gesicht sehen muss, wenn man etwas äußert, führt zu tendenziell freizügigeren, härteren und sarkastischeren Aussagen. Außerdem gibt die Gestaltung von Verteilern immer wieder Gelegenheit zu Seitenhieben. Als Resultat haben sich schon zahlreiche E-Mail-Nutzer durch berufliche E-Mails missachtet, beleidigt, verletzt, ausgegrenzt oder gar gemobbt gefühlt. Da E-Mails im Firmennetzwerk praktisch unsterblich sind und deshalb immer wieder hervorgeholt werden können, wiegen diese Gefühle schwerer. Die Freude an der Arbeit wird deutlich reduziert.

6. Weshalb wir uns mit E-Mail-Effizienz so schwer tun

Die negativen Effekte von E-Mail legen nahe, nach Wegen zu suchen, wie wir E-Mail besser nutzen können. Es ist eigentlich auch gar nicht so schwer, mit E-Mail effizienter umzugehen. Die große Frage lautet: Weshalb tun wir es nicht?

Eine Hauptursache liegt ganz tief in unserer Natur begraben, nämlich in der Art, wie wir Menschen mit neuer Information umgehen. Neue Informationen, das hat uns die Evolution gelehrt, sind überlebenswichtig. Die Nachricht »In dem Wald dort hinten gibt es viele Pilze« konnte in der Steinzeit das Überleben für einen Tag sichern. Die Information »Die roten Pilze da sind giftig« sicherte unter Umständen sogar das Überleben. Information ist also aus reinem Selbsterhaltungstrieb wichtig. Wir Menschen können deshalb gar nicht anders, als beim Auftauchen neuer Information den Eingangskanal automatisch ein- und alle anderen Prozesse auf Stand-by zu schalten. Es ist ein Reflex, der unbewusst abläuft – unabhängig davon, ob wir uns als eher neugierig oder als überhaupt nicht neugierig betrachten. Eine eingehende E-Mail erzeugt den unmittelbaren Wunsch, die darin enthaltene Information zu erlangen. Dies drückt sich auch in den Aussagen von Schulungsteilnehmern aus, die uns immer wieder sagen, dass sie bei einer gerade eingetroffenen E-Mail »nur kurz sehen wollen, um was es sich handelt«.

Früher war Information relativ knapp. Es kostete die Menschen verhältnismäßig wenig Zeit, alle verfügbaren Informationen zu konsumieren und zu verarbeiten. Heute sieht die Situation jedoch vollkommen anders aus. Es werden uns viel mehr Informationen angeboten, als wir je verarbeiten könnten. Inzwischen haben zwar die meisten gelernt, wie sie mit nicht direkt an sie adressierter Masseninformation wie Fernsehen, Zeitungen, Zeitschriften und Postwurfsendungen umgehen müssen. Aber was wir mit direkt an uns adressierter Information tun sollen, das haben nur die wenigsten gelernt. Bislang waren praktisch nur Persönlichkeiten des öffentlichen Lebens damit konfrontiert, mehr persönlich adressierte Post zu erhalten, als sie sinnvollerweise selbst bearbeiten konnten: Politiker, Stars und andere Prominente haben für sich eine »Informationshygiene« zum eigenen Überleben entwickeln müssen. Für die Mehrheit der Menschen trifft bei direkt adressierter Post dagegen weiterhin die Reaktion zu: »Aber das ist doch für MICH! Es könnte WICHTIG sein! Oder zumindest INTERESSANT!« Und schon wenden wir uns der neu eingegangenen E-Mail zu und lassen das, woran wir gearbeitet haben, einfach fallen. Die Angst, etwas Wichtiges zu verpassen, ist auch ein Grund, warum manche E-Mail-Nutzer Schwierigkeiten damit haben, selbst offensichtliche Spam-E-Mails einfach ungelesen zu löschen.

Verwoben ist das Ganze mit einem anderen Teil unserer menschlichen Natur: Wir möchten nicht als eigenbrötlerische Einsiedler dahinvegetieren, sondern als ein wertgeschätzter Teil einer Gemeinschaft prosperieren. Dabei kommt der Kommunikation in der Gruppe eine überragende Bedeutung zu. Die Art, wie wir kommunizieren, bestimmt zu einem wesentlichen Teil unseren Status in der Gruppe. Stellen Sie sich einen Partygast vor, der von einem anderen Gast angesprochen wird. Stellen Sie sich ferner vor, dieser Gast würde die Ansprache vollkommen ignorieren. Was würde wohl geschehen? Wahrscheinlich eine Ausgrenzung des unverschämten Gastes durch die anderen. Keine Gruppe akzeptiert eine Kommunikationsverweigerung sanktionslos. Deshalb sitzt einem E-Mail-Empfänger unbewusst immer die Angst im Nacken, eine neu eingegangene E-Mail könnte von JEMAND WICHTIGEM sein, den man nicht durch eine fehlende Reaktion vor den Kopf stoßen darf. Erschwerend kommt hinzu, dass zwischen E-Mail-Nutzern unterschwellig der Geist einer Gemeinschaft besteht. Lässt man dieses Gefühl zu, steigt die Anzahl der Personen, die man (unbewusst) nicht verärgern möchte, plötzlich ins Unermessliche. Viele E-Mail-Empfänger schaffen es nicht, »jemanden aus der Gemeinschaft« warten zu lassen oder vielleicht sogar völlig zu ignorieren. Selbst dann nicht, wenn sie noch niemals etwas von ihm oder ihr gehört haben (oder die Betreff-Zeile sehr stark nach Spam aussieht). Angesichts von 2,3 Milliarden Mail-Boxen weltweit[5] ist dies eine Verhaltensweise, mit der man nur scheitern kann.

Auch langjährig erprobte Arbeitstechniken stehen uns bei der Verbesserung der E-Mail-Nutzung immer wieder im Weg. Im Laufe unseres Berufslebens haben wir beispielsweise gelernt, dass »Kleinigkeiten« am besten sofort erledigt werden sollten. Diese Maxime ist auch sinnvoll für eine Arbeitswelt, in der es mehr »große Dinge« zu erledigen gibt als »kleine«. Bei E-Mail besteht jedoch der überwiegende Anteil der Eingangspost aus »Kleinigkeiten«. Da fragt jemand nach einem Termin. Ein anderer will eine kurze Bestätigung. Eine Dritte bittet um die Zusendung eines bestimmten Dokuments etc. etc. Jede dieser Anforderungen ist innerhalb weniger Minuten erledigt. Doch aufgrund der schieren Menge der Kleinigkeiten verbringen wir einen wesentlichen Teil des Tages mit ihrer Erledigung. Wer Kleinigkeiten immer dann erledigt, wenn sie auffallen, wird nicht zu seinen Kernaufgaben kommen. E-Mail erfordert, dass wir uns von einigen lieb gewonnenen und bewährten Verhaltensweisen lösen und neue Arbeitstechniken erlernen.

Ein weiterer Grund, weshalb wir uns mit der E-Mail-Nutzung oft so schwer tun, liegt in ihrem breiten Nutzungsspektrum. Wir verwenden E-Mail sowohl für Ein-Satz-Kurzstatements (»Termin mit Herrn Geist abgesagt!«) als auch für formale Geschäftskorrespondenz. Damit nicht genug. Wir ersetzen mit E-Mail auch mündliche Kommunikation. Viele E-Mails ähneln mehr Gesprächsbeiträgen als einem herkömmlichen Briefwechsel. Im Grunde genommen gibt es also nicht DIE E-Mail, sondern eine ganze Reihe von E-Mail-Typen: die »Post-it-Ersatz-E-Mail«, die »Telefonnotiz-Ersatz-E-Mail«, die »Geschäftsbrief-Ersatz-E-Mail«, die »Telefonanruf-Ersatz-E-Mail«, die »Diskussionsbeitrags-Ersatz-E-Mail« etc. etc. etc. Für jeden E-Mail-Typ gelten im Grunde genommen eigene Optimierungstricks. Was für eine »Diskussionsbeitrags-Ersatz-E-Mail« optimal ist, mag für eine »Geschäftsbrief-Ersatz-E-Mail« unsinnig sein. Darum erscheinen uns viele der Tipps, von denen wir hören, schlichtweg als impraktikabel. Wir sehen sofort Anwendungsfälle, in denen sie nicht funktionieren würden – statt uns darauf zu konzentrieren, sie dort einzusetzen, wo sie nützlich sind.

Häufig verbaut uns der eigene Stolz den Weg zu effizienteren Arbeitstechniken. Weshalb? Weil die meisten von uns sich ihre bisherigen E-Mail-Arbeitstechniken selbst erarbeiten mussten. Oder haben Sie etwa jemals eine Schulung über den effizienten Umgang mit E-Mails erhalten? Falls ja, gehören Sie zu einer Minderheit. Die überwiegende Mehrheit bekam allenfalls eine Einweisung in das E-Mail-Programm (z. B. Outlook, Lotus oder Groupwise). Nach solch einem Kurs weiß man, welcher Button geklickt werden muss, um eine E-Mail zu öffnen oder abzusenden. Der gesamte organisatorische und inhaltliche Rest bleibt aber unbehandelt. Den muss man sich selbst erarbeiten oder von anderen abschauen (die natürlich auch nie eine Schulung erhalten haben). Mit dem selbstgebastelten Regelwerk sind wir bisher fünf, zehn, fünfzehn oder gar zwanzig Jahre ganz gut zurechtgekommen. Auch wenn es beim E-Mailen zunehmend Probleme gibt: An der Arbeitstechnik kann es nicht liegen. Die stammt ja VON UNS SELBST. Wehe, es versucht jemand, die über Jahre eingeschliffenen Muster aufzubrechen. Dem werden wir unsere Meinung sagen!

Für unsere Änderungsresistenz ist noch ein weiterer Umstand maßgebend. In Bezug auf E-Mail sind wir nämlich gleichzeitig Täter und Opfer. Wären wir nur Opfer, würden wir wahrscheinlich vieles von dem, was uns stört, sofort abstellen. Wir würden bestimmte Praktiken bei der Verteiler- oder Textgestaltung (um nur zwei Aspekte zu nennen) einfach nicht akzeptieren. Da wir jedoch nicht nur E-Mails erhalten, sondern auch welche versenden – und als Schreiber genau die gleichen empfängerunfreundlichen und unproduktiven Methoden anwenden –, akzeptieren wir die Praktiken unserer Kommunikationspartner einfach.

Zudem erscheint die Wirksamkeit eigener Maßnahmen begrenzt: Was hilft es denn, wenn ich meine E-Mail-Verteiler sinnvoll gestalte, wenn alle anderen immer noch die halbe Welt auf Cc setzen? Das ist eine beliebte Taktik, die wir schon in unserer frühen Kindheit angewendet haben: »Die anderen machen es ja auch!«

Last but not least ist der bisherige Umgang mit E-Mail für uns auch eine bequeme Möglichkeit, uns elegant vor unangenehmen Dingen zu drücken. Statt uns wirklich wichtigen Aufgaben zu stellen oder unangenehme Gespräche von Angesicht zu Angesicht zu führen, schreiben wir lieber eine Mail. E-Mail hat die Eigenschaft, allen Beteiligten vorzugaukeln, dass sich etwas bewegt – selbst dann, wenn das überhaupt nicht der Fall ist. So entsteht das Gefühl, »etwas getan« zu haben, ohne größere negative Auswirkungen fürchten zu müssen. Viele Menschen haben deshalb unbewusst gar kein Interesse daran, etwas am Status quo zu ändern.

7. Sind auch Sie schon ein E-Mail-Junkie?

Eine erschreckende Erklärung dafür, warum Personen ihr E-Mail-Verhalten beibehalten, obwohl es ihnen ganz offensichtlich schadet, hört man immer wieder. Diese Erklärung lautet:»Die können gar nicht anders. Die sind doch schon regelrecht abhängig!« Die Rede ist von E-Mail-Sucht. Da sich »Sucht« gut verkauft, bekommt das Thema auch immer wieder einige Spalten in Zeitschriften. In den USA lässt sich damit auch hervorragend von Talkshow zu Talkshow tingeln.

Man kann trefflich darüber streiten, ob die intensive E-Mail-Nutzung eine Sucht im engeren Sinne ist. Wir wollen darüber an dieser Stelle kein Urteil fällen. Tatsache ist jedoch, dass viele E-Mail-Anwender ein Verhalten an den Tag legen, das zumindest stark an Suchtkranke erinnert.

Süchtige organisieren ihr Leben bekanntlich weitgehend um ihren Suchtstoff herum. Sie leiden unter Kontrollverlust. Sie können nicht längere Zeit ohne den Suchtstoff auskommen. Sie werden unruhig, wenn der Suchtstoff einmal nicht unmittelbar zur Verfügung steht, und denken unverhältnismäßig oft daran, wie es sein wird, wenn wieder alles verfügbar ist. Suchtkranke vernachlässigen andere Lebensbereiche zugunsten ihres Suchtmittelkonsums. Andere Interessen entfallen und soziale Kontakte werden reduziert (sofern sie nicht zum gemeinsamen Suchtkonsum beitragen).

Ähnliches kann man bei vielen E-Mail-Anwendern beobachten. Ihre allererste Tätigkeit bei der Arbeit besteht darin, ihre E-Mails abzurufen (sofern sie dies nicht schon auf dem Weg zum Arbeitsplatz von ihrem Blackberry oder Handy aus getan haben). Während des Tages sehen sie ständig in ihrem E-Mail-Eingang nach, ob neue Post vorhanden ist. Wenn neue Post eintrifft, lassen sie für die E-Mail-Beantwortung alles andere stehen und liegen. Selbst am Wochenende und im Urlaub checken sie ihre E-Mails. Wenn dies nicht möglich ist, denken sie immer wieder einmal daran, wie viele E-Mails wohl inzwischen in ihrem Posteingang sein mögen und wie viele es sein werden, wenn sie zu-rückkehren. Für einen Blick ins E-Mail-System geben sie ohne mit der Wimper zu zucken persönliche Kontakte auf. Besprechungen nutzen sie nicht dazu, mit anwesenden Menschen zu sprechen; stattdessen kommunizieren sie unter dem Tisch mittels Blackberry mit irgendwelchen anderen, weit entfern-ten Personen. Statt einem Anwesenden persönlich eine Frage zu stellen, ver-schieben sie dies lieber auf später, wenn sie das per E-Mail tun können.

Finden Sie sich in dieser Beschreibung wieder? Falls nicht, kann dies zwei Gründe haben: Wahrscheinlich stehen Sie souverän und selbstbestimmt über dem Medium E-Mail. Vielleicht erfüllen Sie aber gerade mit dem »Nicht-Wie-derfinden« ein zusätzliches Suchtkriterium: Suchtkranke verleugnen in der Regel ihr Problem. Sie blenden einfach alle Sachverhalte aus, die darauf hin-weisen, dass sie ein Problem haben könnten.

Wer jemals einen (nicht bekennenden) Alkoholkranken auf »sein Problem« angesprochen hat, kennt die umgehende Reaktion: »Ein Problem mit Alkohol? Ich? Also wirklich nicht!« Bei hartnäckiger Nachfrage fällt der Alkoholiker auf seine zweite Verteidigungslinie zurück: »Die paar Bier machen doch nichts.« Um später dann die dritte Rückzugslinie zu verteidigen: »Alle trinken doch ge-legentlich was.« Leugnen, Verallgemeinern und Verharmlosen sind die Stan-dardreaktionen von Alkoholikern.

In folgendem Protokoll eines realen Gesprächs mit einem Intensiv-E-Mai-ler finden sich diese Elemente nahezu identisch wieder. Der Dialog ist auf die wesentlichen Stellen reduziert und anonymisiert.

Weick: »Ich möchte gerne mit Ihnen darüber sprechen, wie Sie besser und effizienter e-mailen können.«

EM: »Das brauchen Sie nicht. Ich maile schließlich schon seit über zehn Jahren.«

Weick: »Ihr Chef meinte, dass Sie sich bezüglich E-Mail viel zu viel auferlegen.«

EM: »Ich bürde mir nicht zu viel auf. Aber mit M. und S. sollten Sie unbe-dingt dringend darüber reden.«

...

EM: »Es ist wirklich nett, dass mir die Firma ein Coaching geben will. Aber ich habe definitiv keinen Bedarf.«

Weick: »Trifft es nicht zu, dass das Projekt ... lange Zeit überfällig ist? Und dass Sie in den vergangenen Monaten ... immer verspätet oder überhaupt nicht abgegeben haben? Laut Ihrem Chef haben Sie dies mit Arbeitsüberlastung begründet.«

EM: »Arbeitsüberlastung hat doch praktisch nichts mit E-Mail zu tun. Im Gegenteil: Ohne E-Mail wäre das wahnsinnige Volumen gar nicht mehr zu schaffen.«

...

EM: »... die paar E-Mails sind eigentlich vernachlässigbar. Statt bei E-Mail müsste man bei ... ansetzen.«

Weick: »Wie viele E-Mails schreiben Sie denn normalerweise?«

EM: »Vierzig bis fünfzig.«

Weick: »Das ist doch schon ziemlich viel. Können wir einmal genau nachsehen?«

(Überprüfung des Postausgangs ergibt neunzig bis hundertvierzig E-Mails pro Tag. Der Posteingang liegt in einer ähnlichen Größenordnung. Eine gemeinsame Berechnung zeigt, dass EM täglich mindestens drei Stunden im E-Mail-System verbringen muss.)

EM: »Hätte ich nicht gedacht. Aber ändern kann man das eh nicht. Das ist halt mein Job. Jeder muss die E-Mails beantworten, die er bekommt. Machen Sie doch auch. Oder?«

(An dieser Stelle fing das Coaching an.)

Gemäß einer Untersuchung von Symantec[6] gehen 21 Prozent aller Befragten zwanghaft mit E-Mail um. Das bedeutet, dass sich mehr als ein Fünftel aller E-Mail-Anwender vom E-Mail-System takten lässt.

Erinnern Sie sich noch an den Fragebogen aus Kapitel 2? Es ist Zeit, sich anhand Ihrer dortigen Antworten anzusehen, wie Ihr eigenes Verhältnis zu E-Mail aussieht. Übertragen Sie die Antworten aus dem Fragebogen in die Auswertung. Ermitteln Sie den korrekten Punktwert und addieren Sie die Werte auf. Die Auswertung zeigt Ihnen dann, wo Sie stehen. Sollte die Auswertung über 280 Punkte ergeben, sollten Sie sich über eines klar werden: E-Mail befriedigt bei Ihnen offensichtlich einige essenzielle Bedürfnisse. Es ist hilfreich, sich dieser Bedürfnisse bewusst zu werden und sich zu überlegen, wie Sie diese (mit und ohne E-Mail) anderweitig befriedigen können. Erst dann ist für Sie der Weg zu einem fulminanten Produktivitätsdurchbruch frei.

Überprüfen Sie Ihre Antworten auf folgende Fragen und übernehmen Sie die Punktwerte in die Tabelle:

Frage	Punktzahl				Ihr Wert
1	A: 40	B: 30	C: 10	D: 0	
2	A: 0	B: 0	C: 20	D: 40	
3	A: 20	B: 30	C: 10	D: 0 E: 0	
4	A: 40	B: 30	C: 10	D: 0	
5	A: 40	B: 20	C: 0	D: 0	
6	A: 40	B: 20	C: 10	D: 0	
7	A: 40	B: 20	C: 10	D: 0	
8	A: 60	B: 40	C: 10	D: 0	
9	A: 60	B: 40	C: 0		
10	A: 50	B: 40	C: 10	D: 0	
Summe:					

0–30 Punkte:

Man kann bei Ihnen wirklich nicht von einem E-Mail-Junkie reden. Ihr Punktewert ist derart niedrig, dass eventuell sogar das Gegenteil der Fall sein könnte: dass Sie Berührungsängste in Bezug auf E-Mail haben und diesem Kommunikationsmittel möglichst aus dem Weg gehen. Sofern dies der Fall ist, sollten Sie diese Position überdenken. Denn auch ein verkrampftes Verhältnis zu E-Mail behindert Sie und kann Sie belasten. Dieses Buch zeigt Ihnen, wie Sie E-Mail effizient nutzen können.

40–130 Punkte:

Sie gehen unverkrampft und sehr kontrolliert mit E-Mail um. Es besteht keine Gefahr, dass Sie zum E-Mail-Junkie werden. Viele Tipps in diesem Buch werden bei Ihnen bereits tägliche Praxis sein. Da Sie mit dem Medium E-Mail sehr bewusst umgehen, werden Sie aus der Lektüre trotzdem viele neue Anregungen für Ihre tägliche Arbeit mitnehmen.

140–220 Punkte:
Sie kontrollieren E-Mail noch – aber gelegentlich kontrolliert E-Mail auch schon Sie.

230–280 Punkte:
Ihre Arbeit wird von E-Mail stark getaktet. Es geht bereits deutlich über das normale Maß hinaus. Die folgenden Kapitel werden sehr interessant für Sie sein. Öffnen Sie sich und lassen Sie sich anregen.

Über 280 Punkte:
E-Mail hat eine Rolle in Ihrem Leben, die nicht gut für Sie ist. Gegensteuern ist angesagt. Dieses Buch kann dazu der erste Schritt sein. Es bedarf großer Entschlossenheit und Konsequenz, wenn Sie wirklich eine deutliche Verbesserung erzielen möchten.

8. Was E-Mail Sie kosten kann

Wer das Kommunikationsmedium E-Mail richtig einsetzt, wird produktiver. Er kann Abläufe beschleunigen und die Beziehung zu wichtigen Kommunikationspartnern intensivieren. Wer E-Mail dagegen falsch nutzt, kann nicht nur viele dieser Vorteile verlieren, sondern sich zusätzlich belasten.

Falsche E-Mail-Nutzung geht in den allermeisten Fällen mit massivem **Zeitverlust** einher. E-Mail dominiert dann den Arbeitstag. Die Zeit scheint einem zwischen den Fingern zu zerrinnen. Bevor man sich versieht, ist es schon wieder Feierabend und viele wichtige Dinge sind unerledigt geblieben. Die Folge sind Überstunden oder aber unerledigte Aufgaben. Daraus ergibt sich Unzufriedenheit. Diese Unzufriedenheit lässt man natürlich nicht im Unternehmen, sondern trägt sie mit nach Hause. Man ist gereizt und reagiert auf Familie und Freunde entsprechend. Wer glaubt, den Stress zu reduzieren, indem er zu Hause E-Mails abruft, irrt sich. Er ist für andere nun definitiv nicht mehr ansprechbar. Er stiehlt sich dann nicht nur Arbeits-, sondern auch Freizeit.

Obwohl jeder weiß, dass E-Mail einen guten Teil der Arbeitszeit in Anspruch nimmt, überrascht es doch die meisten Menschen, wenn sie sehen,

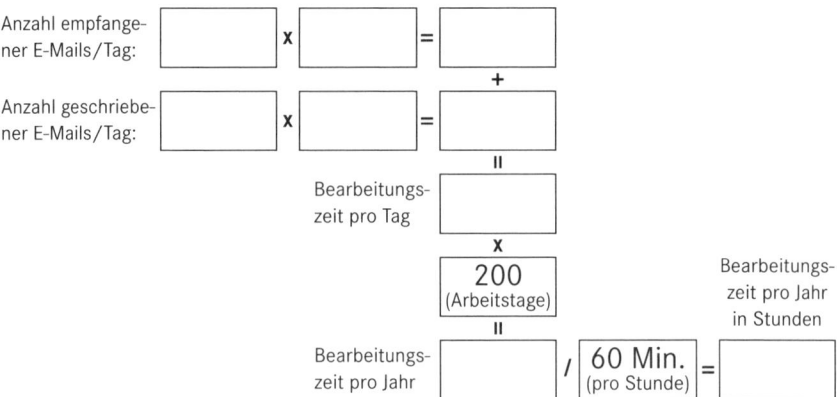

auf wie viele Stunden sich das pro Jahr addiert. Tragen Sie einfach einmal Ihre persönlichen Werte in die Rechnung von Seite 30 ein und lassen Sie sich vom Ergebnis überraschen.[7]

Erfahrungsgemäß liegt die Zeitverschwendung bei E-Mail in Unternehmen zwischen 30 und 50 Prozent. Gehen wir einfach einmal davon aus, dass Sie noch keine spezielle Schulung zur E-Mail-Effizienz erhalten haben und deshalb wie der Durchschnitt zu behandeln sind. In diesem Fall sind für Sie ca. 25 Prozentpunkte Effizienzsteigerung realisierbar.[8] Übertragen Sie das Ergebnis aus Ihrer obigen Rechnung in das folgende Schema und errechnen Sie, welches Zeiteinsparungspotenzial bei Ihnen pro Jahr besteht.

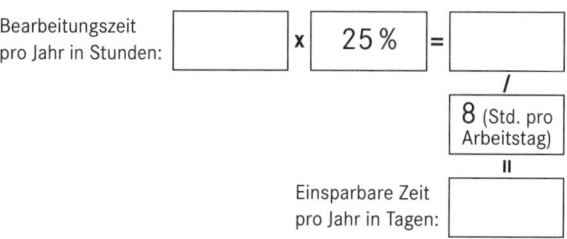

Sie wissen nun, wie viel Zeit Sie durch eine effizientere E-Mail-Nutzung einsparen könnten. Allerdings sagt die gewonnene Zeit als solche noch gar nichts aus. Damit Zeit etwas wert ist, muss sie mit etwas Sinnvollem gefüllt werden. Es ist eine gute Idee, sich darüber klar zu werden, was man mit der gewonnenen Zeit anfangen würde. Schreiben Sie deshalb auf, was Sie tun würden, wenn Sie Ihre E-Mail-Effizienz entsprechend steigern könnten.

Ich verwende die gewonnene Zeit für:

_____

Sofern es Ihnen schwerfällt, eine angemessene berufliche Aktivität für die gewonnene Zeit zu finden, könnte es mit einem weiteren negativen Effekt von E-Mail zusammenhängen (ohne dass wir Ihnen dies unterstellen möchten). Unreflektiertes E-Mailen führt nämlich häufig zum **Verlust des Gefühls für Prioritäten**. Wer täglich viele Stunden eingehende E-Mails abarbeitet, verliert oft das große Bild aus den Augen. Er denkt im Kleinen. Der Drang zum Großen verschwindet. Mediziner wollen dieses »Pseudo-ADS«[9] immer häufiger auch bei E-Mail-Anwendern finden. Die Betroffenen verlieren die Fähigkeit, dauerhaft an Projekten zu arbeiten.

Der folgende Gesprächsmitschnitt ist nicht untypisch. Der Dialog ist auf die wesentlichen Stellen reduziert und anonymisiert.

MA: »Ich muss besser mit meinen E-Mails umgehen können. Sie fressen mich sonst auf.«

Schur: »Wie viele E-Mails bekommen Sie denn?«

MA: »An guten Tagen achtzig. An schlechten Tagen können es auch weit über hundertfünfzig sein.«

Schur: »Hhm. Was genau ist Ihr Job?«

MA: »Ich bin Produktsupport für … Ich stelle unseren Verkäufern alle Informationen zu den Produkten … bereit. Bei mir laufen praktisch alle Fragen zusammen. Soweit ich sie nicht selbst beantworten kann, leite ich sie an die entsprechenden Stellen in Technik oder Entwicklung weiter.«

Schur: »Bei so vielen E-Mails bleibt wohl wenig Zeit für anderes. Was machen Sie außer Mailen?«

MA: »Telefonieren. Praktisch nur noch telefonieren. Vor allem mit Verkäufern, die fragen, wo die Antwort auf ihre E-Mail bleibt.«

Schur: »Und das ist Ihr Job?«

MA: »Ja!«

Schur: »Wirklich? Ihre ganze Aufgabe besteht darin, die Anfragen von Verkäufern zu beantworten?«

MA: »Das habe ich doch gerade gesagt!«

Eine Analyse der Situation ergibt, dass der Mitarbeiter eigentlich primär die Aufgabe hat, die Unterlagen aus Entwicklung und Technik so aufzubereiten, dass der Verkauf damit arbeiten kann. Da er diese Aufbereitungen (vor lauter Beantwortung von Einzelfragen) kaum noch vornimmt, steigen die Einzelanfragen natürlich ständig weiter an. Der Mitarbeiter versinkt im Tagesgeschäft und verliert innerhalb kurzer Zeit jeden Überblick. Nachdem er seine Aufgabe (wieder neu) verstanden hat, erstellt er aussagekräftige Datenblätter und einige Präsentationen. Diese werden auf einen Intranet-Server gestellt. Dort werden auch die häufigsten Fragen und ihre Antworten von ihm gepflegt. Die

E-Mail-Anfragen des Verkaufs gehen daraufhin um beinahe 70 Prozent zurück. Gleichzeitig ist der Verkauf mit seiner Leistung zufriedener.

Einen unserer Coaching-Klienten hat der Verlust von Prioritäten sogar den nächsten Karriereschritt gekostet. Er verstand nicht, dass man ihm einen Kollegen mit geringerer Erfahrung bei der Besetzung einer Stelle vorgezogen hatte. Zumal diesem Kollegen wirklich viele Qualifikationen fehlten. Als Beweis zeigte er uns die E-Mails, die ihm der Kollege geschrieben hatte. Ein Blick in das E-Mail-System machte klar: Der Kollege hatte ihn mittels E-Mail schlichtweg kaltgestellt. Der junge Kollege hatte ihm über ein Jahr lang unzählige E-Mails geschickt. Während der erfahrene Kollege damit beschäftigt war, die (teilweise wirklich dummen) Anfragen und (weitgehend irrelevanten) Informationen zu bearbeiten, hatte sich der Jüngere auf das konzentriert, was nötig war, um den nächsten Karriereschritt zu machen. Der Jüngere hatte seine Prioritäten klar im Blick. Der Ältere hatte sie vor lauter E-Mailen schlicht vergessen. So gesehen war dann doch der Richtige befördert worden.

Neben dem Verlust der Prioritäten hat der gescheiterte Nachwuchsmanager für sein ungezügeltes E-Mail-Verhalten einen weiteren Preis zahlen müssen: den **Verlust der Realität**. Allzu schnell verliert man bei E-Mail den Bezug zum richtigen Leben. Es ist einfach, E-Mails zu schreiben und damit so zu tun (und sich das selbst einzureden), als würde man wirklich etwas bewegen. Es kommt nicht selten vor, dass Angestellte die E-Mail-Bearbeitung mit ihrer eigentlichen Arbeit verwechseln (siehe auch das Gesprächsprotokoll auf Seite 32). Sie beantworten E-Mails, statt neue Kunden zu gewinnen, Kosten einzusparen, Prozesse am Laufen zu halten etc. Statt etwas zu bewegen, üben sie sich praktisch nur im Schattenboxen. Es ist ein »Second Life«[10] für Angestellte. Allerdings wird in der Wirtschaft niemand langfristig fürs Schattenboxen bezahlt. Wer nicht ganz klar weiß, wofür er wirklich bezahlt wird, und nicht ständig entsprechende Ergebnisse bringt, dem hilft es nicht, wenn er Tausende E-Mails geschrieben hat. Er verliert irgendwann schlichtweg seinen Job.

Werden Sie sich darüber klar, was genau Ihr Job ist. Notieren Sie auch, wie und woran Ihr Arbeitgeber Ihren Erfolg misst und was zurzeit höchste Priorität in Ihrem Job hat.

Meine Kernaufgabe ist:

Mein Erfolg wird gemessen in:

Höchste Priorität hat zurzeit:

Es ist nicht so, dass das »Schattenboxen« nicht anstrengen würde. Wer täglich über hundert E-Mails schreibt, muss sich geistig verausgaben – gleichgültig ob es sich um geschäftstreibende E-Mails oder um Placebo-E-Mails handelt. Der ständige Kontextwechsel und die ständige Unterbrechung der Konzentration fordern ihren Preis. **Mentale Ermüdung** ist die Folge. Viele Mitarbeiter gehen abends völlig erledigt nach Hause. Wenn wir sie nach der Ursache fragen, kommen nur die allerwenigsten darauf, dass E-Mail etwas damit zu tun haben könnte. Dabei kann E-Mail bei falscher Nutzung extrem fordernd sein. Mitarbeiter wehren sich aber gegen diese Vorstellung. Vor allem jüngere Mitarbeiter winken bei unseren Warnungen immer ab: »Das schaffe ich mit links!« Wir vergleichen das dann immer mit einem jungen Bauarbeiter, der drei Zementsäcke auf einmal trägt und sagt: »Kein Problem! Das schaffe ich mit links!« Wir fragen dann: »Wird dieser Bauarbeiter wohl noch in dreißig Jahren seinen Job machen können?« Die einhellige Meinung lautet: »Nein. Nicht mit seinem kaputten Kreuz!«

Gleiches passiert bei einem ständigen falschen Umgang mit E-Mail. Neurologen prophezeien mittelfristig Konzentrationsstörungen und den Verlust des Kurzzeitgedächtnisses. Daraus resultiert ein unzusammenhängender, schizoider Denkstil. Der Psychologe Ernst Pöppel sagt dazu: »Wir können keinen Kontext mehr verinnerlichen. Alles wird sofort wieder gelöscht, nichts bleibt dauerhaft im Gedächtnis.«[11] In einem oder zwei Jahrzehnten werden wir aufgrund der ständigen mentalen Belastung Burn-out-Symptome auf breiter Basis erleben. Wer solch einen Burn-out hat, braucht sich erst gar nicht mehr vor einen Bildschirm zu setzen. Der wird dann schon bei fünf E-Mails pro Tag überlastet sein.

34

Sofern Sie einen großen Teil Ihrer Arbeit damit zubringen, auf eingehende E-Mails zu reagieren, laufen Sie zudem Gefahr, die **Initiative zu verlieren**. Wer den ganzen Tag unreflektiert nur reagiert, weiß bald nicht mehr, wie man selbst aktiv agiert. Ein Unternehmen machte einmal auf unsere Anregung hin einen Test. Es schaltete am Morgen eine Stunde lang den E-Mail-Server ab. Das Ergebnis war das vorhergesagte Chaos. Viele Angestellte wussten schlicht und einfach nicht, was sie tun sollten. Sie benötigten offensichtlich die E-Mails, die ihnen Aufgaben stellten.

Sozialwissenschaftler weisen auf ein weiteres langfristiges Risiko hin: eine **abnehmende soziale Kompetenz**. Auch wenn E-Mail-Verkehr im Endeffekt natürlich immer zwischen Menschen stattfindet, so nehmen das der Schreiber und der Leser unbewusst nicht so wahr. Sender und Empfänger interagieren in erster Linie nämlich jeweils mit einer Maschine, »ihrem« Computer. Aus einer Mensch-Mensch-Kommunikation wird auf der Sender-Seite eine Mensch-Maschine-Kommunikation und auf der Empfängerseite eine Maschine-Mensch-Kommunikation. Die Kommunikation mit einer Maschine spricht aber vollkommen andere Bereiche in uns an. Wer vor allem mit Maschinen kommuniziert, verliert Sozialwissenschaftlern zufolge leicht das Gefühl für den Umgang mit »richtigen« Menschen. Ob diese Entwicklung wirklich so eintrifft, ist offen. Eines ist aber bereits jetzt klar: Jede Minute, die wir am Computer sitzen, können wir nicht im direkten Gespräch mit Menschen verbringen.

9. Der Befreiungsschlag – wie Sie die Kontrolle zurückerhalten

Es gibt Lebenssituationen, in denen normale Korrekturmaßnahmen einfach nicht (mehr) greifen. Selbst wenn man sich sehr anstrengt, kann man in solchen Situationen maximal einige Prozent Verbesserung erreichen. Die einzige Möglichkeit, einen wirklichen Durchbruch zu schaffen, besteht in ungewöhnlichen oder drastischen Lösungsansätzen – z. B. darin, etwas vollkommen anders als bislang zu tun. Mithilfe dieser drastischen Mittel ist dann oft mit vergleichsweise geringem Aufwand Erstaunliches möglich. Als Beispiel hierfür muss immer wieder Alexander der Große herhalten, der bekanntlich den Gordischen Knoten mit einem Schwerthieb löste.

Viele E-Mail-Anwender befinden sich in einer solchen vertrackten Situation. Sie haben schon wiederholt versucht, ihre E-Mail-Effizienz zu erhöhen. Sie kennen eine ganze Litanei von »Netiquetten« und haben den Großteil davon auch schon einmal ausprobiert. Doch ein sichtbarer Erfolg blieb aus. Jetzt sind sie frustriert. Sie glauben, dass entweder keine Verbesserung möglich ist (»Das ist halt so«) oder dass jede Verbesserungsmöglichkeit außerhalb ihrer Kontrolle liegt (»Solange sich die anderen nicht ändern ...«, »Da muss in erster Linie das Unternehmen etwas tun ...«).

Zweifellos besteht ein größeres Optimierungspotenzial, wenn ein gesamtes Unternehmen eine konzertierte Aktion zur Steigerung der E-Mail-Effizienz unternimmt. Allerdings fällt auch dort der Erfolg nicht vom Himmel. Aus unseren Projekten wissen wir, dass der Weg zum Erfolg zum allergrößten Teil über eine Verhaltensänderung der einzelnen Mitarbeiter führt. Das ist vergleichbar mit dem Individualverkehr: Keine einzige technische Maßnahme ist so wirkungsvoll wie das umsichtige Fahren möglichst vieler Fahrzeuglenker. Deshalb bestimmt auch nicht das benutzte Fahrzeugmodell oder der Fahrzeugtyp darüber, ob man gut und sicher Auto fährt, sondern überwiegend das Verhalten des Fahrers. Damit sind wir wieder am Beginn der Überlegung: beim einzelnen Mitarbeiter. Und der behauptet im Brustton der Überzeugung, dass es bei E-Mail eben einfach nicht besser geht, das ist halt so (siehe Seite 36).

Wie ist dieser Knoten zu lösen? Wo bleibt Alexanders Schwert?

Die Lösung liegt in unserer Einstellung bzw. unserer Sichtweise. Die meisten von uns betrachten E-Mail als im Grunde

- hilfreich
- nützlich
- unverzichtbar
- universell
- freundlich
- bequem für Sender und Empfänger
- lösungsorientiert/nach vorne strebend
- zentral

Doch diese Sichtweise ist falsch, falsch, falsch.

Solange Sie sich von dieser Sichtweise, die die meisten von uns unhinterfragt für selbstverständlich halten, nicht lösen, helfen Ihnen alle Tipps und Tricks wenig. Sie sehen E-Mail dann weiterhin immer von »derselben Seite« und fallen deshalb auch immer in Ihr altes Verhalten zurück – einfach deshalb, weil es aus diesem Blickwinkel die einzig vernünftige Reaktion ist (schließlich machen Sie doch nicht absichtlich etwas Dummes. Oder?). Damit Sie die wirklichen Angriffspunkte für Verbesserungen sehen und in der Folge auch gewillt sind, diese in Ihrem täglichen Leben zu nutzen, müssen Sie Ihren Standpunkt wechseln.

Einen solchen Standortwechsel nennt man in der Psychologie »Reframing«. Ein Beispiel gefällig? Stellen Sie sich vor, Sie stünden vor einer steilen Felswand. Innerhalb der vergangenen Stunden haben Sie schon erlebt, wie mehrere gut ausgerüstete Kletterer vergeblich versucht haben, diese zu bezwingen. Sie selbst kämen gar nicht auf die Idee, den Aufstieg zu wagen. Da wechseln Sie den Standort. Sie gehen einige Hundert Meter nach rechts und sehen aus einem anderen Blickwinkel plötzlich, dass hinter einer Felsnase ein mit Stahlseilen und Tritten vollkommen gesicherter Aufstieg liegt. Hätten Sie Ihren Standpunkt nicht geändert, hätte der Felsen für Sie immer als unbezwingbar gegolten. Jetzt wissen Sie, dass dies nicht stimmt. Der Standortwechsel hat zu einer vollkommen anderen Einschätzung geführt.

Bezüglich E-Mail bedeutet der Standortwechsel, dass Sie E-Mail erkennen müssen als[12]

- gefährlich
- schädlich
- unnötig
- limitiert
- bösartig
- Werkzeug einzig für den Sender
- verzögernd
- peripher

E-Mail ist **gefährlich und schädlich**, weil es unendlich viel Zeit stiehlt, die wir für andere berufliche oder private Tätigkeiten viel besser nutzen könnten. E-Mail hat in Stresssituationen die Eigenschaft, eher die negativen Aspekte unserer Persönlichkeit hervorzukehren, und ist damit eine Gefahr für unsere einvernehmliche Zusammenarbeit mit anderen. E-Mail stresst uns, führt zu mentaler Ermüdung und frühem Burn-out. Die mangelnde Frische belastet auch unser privates Leben, wir haben weniger Freude und können weniger in Beziehungen einbringen. E-Mail lässt unsere Initiative verkümmern, verwischt unser Gefühl für Prioritäten (und oft genug auch für die Realität). E-Mail entfremdet uns von unseren Mitmenschen und Kollegen (soweit diese nicht mit uns e-mailen).

E-Mail ist **unnötig**, weil praktisch alle Kommunikation anderweitig abgewickelt werden könnte. Selbst die bislang an E-Mails angehängten Dateien könnten auf anderen Wegen (z. B. File-Server) effizient gemeinsam genutzt werden. Viele E-Mails sind schon deshalb unnötig, weil sie nur verschickt werden, weil es für den Sender so einfach ist. Wäre es nur ein wenig aufwendiger für den Sender, würde er diese E-Mails nicht mehr versenden.

E-Mail ist **limitiert**. E-Mail bietet sich entgegen landläufiger Meinung nämlich nicht für alle Kommunikationsanforderungen an. Es gibt genug Situationen, in denen sich E-Mail sogar zwingend verbietet (mehr darüber später). Kommunikationstechnisch ist E-Mail eines der ärmsten Medien überhaupt. Auch wenn wir aufgrund der Schnelligkeit glauben, dass es bei E-Mail einen schnellen Rückkanal gäbe: Es gibt ihn nicht. Wir sehen nicht das Zucken im

Gesicht des Empfängers und hören nicht den geänderten Tonfall in seiner Stimme, wenn er unsere E-Mail liest. Der E-Mail fehlen viele visuelle und alle taktilen, olfaktorischen und auditiven Eigenschaften. Eine schön gedruckte, hochwertige Visitenkarte mit einem handschriftlichen »Danke!« drückt tausendmal mehr aus als eine ganzseitige Danke-E-Mail.

E-Mail ist von Grund auf **bösartig**. Die lockere Atmosphäre gaukelt uns in bösartiger Weise eine offene und freundschaftliche Welt vor. Doch dies ist nicht so. Menschen, die es nicht gut mit uns meinen, nutzen unsere falsche Vorstellung von E-Mail und dem dort vermeintlich herrschenden Korpsgeist aus. Sie betreiben aktiv Dinge, um uns zu schaden. Und wir fallen immer wieder darauf herein.

E-Mail ist eindeutig **senderlastig**. Der Empfänger ist im E-Mail-System der klare Verlierer. Er profitiert einzig und alleine durch die einfachen Ablage- und Suchmöglichkeiten. Der Sender dagegen kann den Rest der Welt bequem mit E-Mails überschwemmen und damit Tausenden von Adressaten die Zeit stehlen. Für den Empfänger hat E-Mail keinen automatisierten Weg vorgesehen, sich dagegen zu wehren (solange es sich nicht um offensichtlichen Spam handelt). E-Mail unterstützt also eindeutig die Täter und nicht die Opfer. Die Ausrede, der Empfänger könne mittels der »Antworten«-Funktion viel Zeit sparen, gilt nicht. Der Empfänger wird damit nämlich zum Sender. Als Sender wird er zum Täter. Als Empfänger verliert er.

E-Mail **verzögert** viele Prozesse. Es involviert viel zu viele Personen, verwässert durch eine wilde Kopierpolitik die Verantwortung und zögert Entscheidungen hinaus. Untersuchungen zeigen, dass Entscheidungen per E-Mail (soweit nicht nur zwei Personen beteiligt sind oder es sich um eine reine Abstimmung handelt) viel länger dauern als Entscheidungen in (persönlichen oder telefonischen) Besprechungen. E-Mail erzeugt die Illusion von Fortschritt. Oft handelt es sich aber um eine reine Beschäftigungstherapie.

E-Mail hat eine **periphere Bedeutung**. Sofern wir kein E-Mail-Callcenter betreiben oder E-Mail-Systeme verkaufen, verdient unser Unternehmen sein Geld mit Sicherheit nicht mit E-Mail. E-Mail wirkt unheimlich wichtig, doch sie hat im Prinzip keine Bedeutung. Wichtig sind Kunden, Mitarbeiter, Umsätze, Kosten, Prozesse, Strukturen und Produkte. E-Mail ist lediglich ein Mittel zum Zweck. Nicht mehr und nicht weniger. Es ist für unseren Arbeitserfolg und unsere persönliche Befindlichkeit zwar wichtig, E-Mail *effizient* zu nutzen (also

39

richtig zu nutzen). Aber viel wichtiger ist es, in unserer produktiven Arbeit *effektiv* zu sein (also die richtigen Dinge zu tun). E-Mail ist im Sinne der Effektivität wahrlich kein Vorbild.

Sie sehen: Diese Sichtweise ist vollkommen anders als die, die wir gewöhnlich von E-Mail haben. E-Mail ist plötzlich nicht mehr die Lösung für unsere Probleme, sondern stellt selbst ein massives Problem dar. Natürlich gibt das nicht die ganze Wirklichkeit wieder. Wenn E-Mail wirklich nur Schattenseiten hätte, würden wir sie ja nicht so intensiv nutzen. Dessen ungeachtet ist aber die dunkle Seite von E-Mail vorhanden, und es ist hilfreich, sie sich ausreichend deutlich zu machen.

Können Sie sich – zumindest für eine Weile – auf die dunkle Seite von E-Mail konzentrieren? Ja? Dann können Sie mit Ihrem persönlichen Befreiungsschlag beginnen. Der erste Schritt besteht darin, dass Sie jegliche Automatismen unterbrechen. Immer dort, wo Sie bislang ganz automatisch eine bestimmte Handlung unternommen haben, halten Sie kurz inne. Das kann beim Eingang einer neuen E-Mail-Nachricht sein, die Sie bisher sofort gesichtet haben. Oder beim Antworten auf eine Eingangs-E-Mail per »Antworten«-Funktion. Und dann sagen Sie sich ein Mantra vor. Dieses lautet:

»Ich bin der Boss!«

Nicht der Bildschirm auf Ihrem Schreibtisch bestimmt, was Sie zu tun haben. Sondern Sie. Sie alleine! Sie sind keine »kleine Menscheneinheit«, die auf Kommando der kleinen Elektronikkiste ohne nachzudenken durch jeden Reifen springt. Sie sind ein Mensch und damit der Herr. Sie lassen nicht zu, dass der Schwanz mit dem Hund wedelt. Sie erlauben auch nicht, dass Ihnen ein Autor einer E-Mail (also ein anderer Mensch) vorschreibt, was Sie jetzt zu tun haben. Sie lassen sich nicht elektronisch fernsteuern. Von niemandem! Sie kennen Ihren Job und werden das tun, was Sie in dieser Situation für Ihre Arbeit und für sich selbst als das Beste empfinden. Sie sind der Boss. Und niemand sonst. E-Mail ist Mittel zum Zweck. Mehr nicht. Sie sind der Boss!

Lesen Sie dieses Buch nun in dieser Grundstimmung. Sie sind der Boss! Sie entscheiden, was nützlich für Sie ist, damit Sie die negativen Effekte von E-Mail von sich fernhalten können. Sie werden sich nicht von E-Mail einflüstern lassen, dass alles in Ordnung sei, wie es bislang war. Sie werden die Tipps aufmerksam lesen und dann entscheiden. SIE werden das tun. Denn Sie sind der Boss!

Bevor Sie weiterlesen, halten Sie Ihr künftiges Mantra schriftlich fest:

_____

10. Wer E-Mails sät, wird E-Mails ernten – Ihr großer Schritt in die persönliche Freiheit

In unseren Schulungen stellen wir immer wieder fest, dass den Teilnehmern der Zusammenhang zwischen dem eigenen Postausgang und ihrem überquellenden Posteingangskorb nicht klar ist.

Die eine Seite (selbst e-mailen) wird als bequeme Lösung betrachtet, die andere Seite (sehr viele E-Mails erhalten) wird zunehmend als unerträgliche Belastung empfunden. Eine Verbindung zwischen beiden Phänomenen wird selten gesehen. Dabei hat unser eigenes E-Mail-Sendeverhalten einen elementaren Einfluss auf das Volumen und die Art jener E-Mails, die wir erhalten. Genau genommen gibt es für uns sogar keine größere Einflussmöglichkeit auf unseren eigenen Posteingang, als unser Sendeverhalten zu ändern.

Mengenmäßig gibt es zwischen Postausgang und Posteingang eine klare Abhängigkeit. Diese lautet:

Wer E-Mails sät, wird E-Mails ernten.

Jede ausgehende E-Mail führt mit einer bestimmten Wahrscheinlichkeit zu einer E-Mail-Reaktion im Posteingang. Ganz offensichtlich ist dieser Zusammenhang bei Fragen. Wer eine Frage per E-Mail stellt, erwartet naturgemäß innerhalb kurzer Zeit eine Antwort in seinem Posteingang. Auch wer E-Mails schreibt, deren Texte unklar, unvollständig oder provokant sind, muss zwangsläufig mit neuem Posteingang rechnen – und sei es nur eine Nachfrage oder eine Klarstellung. Wie groß das selbst generierte E-Mail-Volumen ist, hängt in erster Linie vom Typ der gesendeten E-Mails und von der Größe der Verteiler ab. Wer einen geharnischten Brandbrief per E-Mail an zehntausend Empfänger sendet, kann sicherlich mit dieser einzelnen Ausgangs-E-Mail Tausende emotionale Eingangs-E-Mails generieren.

In einer 2007 durchgeführten Studie[13] waren alle befragten Manager der Meinung, jede ihrer Ausgangs-E-Mails würde mindestens zwei Antwort-E-Mails nach sich ziehen. 13 Prozent bezeichneten sogar fünf bis sechs Antworten auf ihre E-Mails als normal. Unserer Erfahrung nach liegen die Rücklaufraten »normaler« Anwender deutlich unter diesen Werten. Als Daumenwert kann man aber immer noch von einer Reaktionsrate von 60 Prozent ausgehen. Das bedeutet, dass wir bei einem Postausgang von 50 E-Mails pro Tag für 30 unserer eingehenden E-Mails selbst verantwortlich sind.

Würden wir es schaffen, unsere ausgehenden E-Mails um 20 Prozent auf 40 E-Mails zu reduzieren, würden wir automatisch 6 E-Mails weniger erhalten. Und zwar täglich. Über das Jahr gerechnet addiert sich dies bei 200 Arbeitstagen auf ca. 1.200 E-Mails weniger im Posteingangskorb. Und 2.000 geschriebenen E-Mails weniger. Bei einer durchschnittlichen Bearbeitungszeit von 3 Minuten pro E-Mail sparen wir ca. 20 Arbeitstage pro Jahr. Das sind immerhin 10 Prozent unserer gesamten Arbeitszeit.

Geben Sie sich nicht der Illusion hin, Ihre E-Mails wären derart gut geschrieben, dass sie zu keinen überflüssigen Reaktionen führten. Selbst wenn Sie ausschließlich perfekte E-Mails absenden würden, würden Sie eine bestimmte Zahl von Reaktionen erhalten – und seien es nur Bewunderungskundgebungen. Es ist für die Empfänger derart einfach, auf den »Antworten«-Button zu klicken, dass es zwangsläufig immer wieder getan wird.

Eine Grundregel, die Sie beherzigen sollten, lautet deshalb:

Praktisch jede E-Mail provoziert eine Reaktion.

Selbst absolut nichtssagende Informations-E-Mails, die keinerlei Appell enthalten, generieren immer noch ca. 10 Prozent an Antwort-E-Mails. Ein skeptischer Schulungsteilnehmer, dem diese Aussage zu gewagt erschien, machte einmal die Probe aufs Exempel. Von seinem Blackberry aus schickte er noch während der Schulung eine belanglose E-Mail an zwei Verteilerlisten mit insgesamt sechzig Empfängern (Text: »Zur Info: Bei Aldi sind die Bananen billiger als bei HL«). Innerhalb einer Stunde hatte er bereits die Zehn-Prozent-Antwort-Marke erreicht. Die Reaktionen in seinem Posteingang reichten von »Ich verstehe die E-Mail nicht« über »Lidl[14] ist noch billiger« bis hin zu »Ihre E-Mail erinnerte mich daran, dass ich Ihnen schon lange einmal …« Bedenklich bei solchen E-Mails: Es kommen auch noch Antworten/Kommentare von Leuten, die ursprünglich nicht auf dem Verteiler standen.

Es gibt einen einfachen Weg, sich eine gute Anzahl von E-Mails vom Leibe zu halten: einfach weniger und bessere E-Mails zu schreiben. Überlegen Sie sich gut, ob eine E-Mail wirklich notwendig ist und – wenn ja – ob wirklich alle Empfänger auf dem Verteiler stehen müssen. Schreiben Sie ferner Ihre E-Mails so, dass sie möglichst wenige Reaktionen provozieren. Wie das geschieht, werden wir im Laufe dieses Buches noch darstellen.

11. Welche E-Mails Sie nicht zu schreiben brauchen

Ohne Weiteres verzichten können Sie auf alle E-Mails, mit denen SIE eine **Kommunikation unnötig verlängern**. Müssen Sie wirklich jede Frage stellen? Muss jedes winzige Detail (jetzt) vollständig geklärt sein? Muss alles richtiggestellt werden? Muss man sich für jede erhaltene Auskunft beim Absender extra noch einmal bedanken? Überlegen Sie sich in »Ich bin der Boss!«-Manier, ob Sie den »Antworten«-Button deshalb drücken, weil Ihnen das E-Mail-System mit seiner Einfachheit dies suggeriert oder weil diese Antwort für den Empfänger oder die Aufgabe wirklich zwingend nötig ist. Die sogenannte Stockwerksfrage kann Ihnen bei der Entscheidungsfindung helfen. Die Stockwerksfrage lautet: »Würde ich diese Mail auch dann schreiben, wenn ich sie ausdrucken und dann persönlich drei Stockwerke höher auf den Schreibtisch des Empfängers legen müsste?« Wenn Sie dies nicht aus vollem Herzen bejahen können, sollten Sie von der E-Mail absehen.

Seien Sie sich vor allem bei längeren Diskussionen bewusst, dass jemand den Austausch beenden muss. Das erfordert Entschiedenheit und Entschlusskraft. Wenn man über mehrere Iterationen auf jede Eingangs-E-Mail sofort mit einer Antwort reagiert hat, erscheint es nämlich zunächst unhöflich, sich plötzlich stumm zu stellen. Wenn man es aber nicht schafft, irgendwann einen Schlusspunkt zu setzen, sind E-Mails wie die folgenden das Ergebnis.

Von: G. Mair
An: T. Timon
Betreff: Projektende
... Damit haben wir unser Projektziel innerhalb der Vorgaben erreicht. Herzlichen Dank für Ihre Hilfe. Ohne Sie hätte ich das nie geschafft.

Von: T. Timon
An: G. Mair
Betreff: AW: Projektende
Es war mir eine Freude. Ich habe die Arbeit mit Ihnen genossen. Jederzeit wieder.

Von: G. Mair
An: T. Timon
Betreff: AW: AW: Projektende
Auch ich habe die Zusammenarbeit als sehr angenehm empfunden. Gerne komme ich auch zu gegebener Zeit auf Ihr freundliches Angebot zurück.

Von: T. Timon
An: G. Mair
Betreff: AW: AW: AW: Projektende
Wie gesagt: Jederzeit.

Von: G. Mair
An: T. Timon
Betreff: AW: AW: AW: AW: Projektende
Gerne.

Während die erste E-Mail von T. Timon an G. Mair noch sinnvoll erscheint, waren alle folgenden E-Mails vollkommen unnötig. Man spürt förmlich, wie sich jeder davor drückt, dem Austausch ein Ende zu setzen. Das hat nichts mit Beziehungspflege zu tun, sondern einzig und alleine mit Unentschlossenheit.

Über den Sinn und Unsinn von Danke-E-Mails gibt es immer wieder Diskussionen. Richtig ist, dass ein freundliches »Danke« in unserem Kulturkreis zum guten Ton gehört und Höflichkeit die Beziehung stärkt. Richtig ist aber auch, dass jede Danke-E-Mail die Aufmerksamkeit des Empfängers fordert und ihn einen Moment lang in seiner Arbeit unterbricht. In der Regel ist es deshalb eine gute Idee, sich nur für besonders wichtige Dinge extra zu bedanken und den Dank für weniger wichtige Dinge auf die nächste E-Mail zu verschieben. Für diese hat man damit dann schon einen perfekten Einstieg.

Sofern Sie sich mit einer eigenen Danke-E-Mail bedanken wollen (weil

Ihnen die Beziehungspflege sehr wichtig ist oder es schlicht und einfach der Unternehmenskultur entspricht), sollten Sie den Schluss Ihrer E-Mail besonders sorgfältig formulieren. Es muss für den Empfänger klar sein, dass Sie von ihm keine Reaktion mehr erwarten.

Weitere E-Mails, die niemals geschrieben werden sollten:

- die »Wisst Ihr, was ich mit dieser E-Mail anfangen soll«-E-Mail
- die »Danke für Ihre Danke-E-Mail«-E-Mail
- die »Schaut mal, wie dumm die sind!«-E-Mail
- die »Dir zahle ich es heim«-E-Mail
- die »Kettenbrief und Spaß«-E-Mail
- die »Nehmen Sie mich von diesem Spam-Verteiler«-E-Mail
- die »Wenn das rauskommt, bin ich geliefert«-E-Mail
- die »Sag es keinem weiter«-E-Mail

Während E-Mail für ein »Danke!« zwar nicht die beste, aber doch immerhin eine hinreichend gute Plattform ist, verbietet sich E-Mail für eine ganze Reihe von anderen Inhalten vollkommen. In diesen Fällen sollten Sie zwingend auf alternative Kommunikationspfade ausweichen. Diese bringen wesentlich schneller Erfolg als eine E-Mail.

Schreiben Sie niemals eine E-Mail, die **Kritik** enthält – vor allem dann nicht, wenn man diese als eine Kritik an einer Person interpretieren könnte. Es gibt praktisch nur eine einzige Konstellation, in der Kritik per E-Mail uneingeschränkt funktioniert: dann, wenn sich alle die E-Mail enthaltenden Empfänger sehr gut kennen und sich gegenseitig derart wertschätzen, dass sie voneinander immer nur das Beste erwarten. Dazu gehört auch, dass sich alle Empfänger hundertprozentig darauf verlassen können, dass die E-Mail von keinem der Adressaten an einen Dritten weitergeleitet werden wird. Diese Voraussetzungen sind aber sehr selten gegeben. Deshalb funktioniert Kritik per E-Mail in der Regel schlecht oder gar nicht. Es ist eine Sache, sich von jemandem Kritik anzuhören. Es ist aber etwas ganz anderes, eine kritische Äußerung schwarz auf weiß festgehalten zu wissen.

Wenn die betreffende E-Mail mehrere Empfänger hat, wird das Unwohlsein noch potenziert. Niemand sieht sich gerne in der Öffentlichkeit an den Pranger gestellt. Außerdem weiß man nie, wer die E-Mail an wen weiterleitet und bei welcher Gelegenheit sie wieder auftaucht. Auch der Umstand, dass die E-Mail im Archivsystem für zehn Jahre aufbewahrt werden wird, verlangt zwingend eine Reaktion des Kritisierten. Diese besteht darin, die Kritik erst einmal von sich zu weisen. Natürlich tut er das auch mit einer E-Mail. Seien Sie deshalb im Zweifel immer lieber ein bisschen vorsichtiger. Äußern Sie Kritik persönlich oder am Telefon. Dort haben Sie auch den direkten »Rückkanal« und können umgehend reagieren, wenn der Kritisierte Ihre Worte falsch auffasst.

Auch **persönliche Streitigkeiten** gehören nicht in eine E-Mail. Werden Streitigkeiten per E-Mail ausgetragen, führt dies zwangsläufig zu einem explosionsartigen E-Mail-Wachstum. Dies wird fast immer verbrannte Erde hinterlassen. In Newsgroups nennt man solche Auseinandersetzungen treffend »Flame wars«. Flame wars haben nie Gewinner, sondern immer nur Verlierer. Sofern eine E-Mail so formuliert ist, dass Sie nicht umhinkönnen, sehr emotional oder sehr spitz zu antworten, sollten Sie sich Ihr Mantra in Erinnerung rufen. Sie sind der Boss! Lassen Sie sich durch E-Mail nicht in etwas hineinziehen, was Sie nicht möchten. Ignorieren Sie die E-Mail einfach. Falls Sie das nicht können: Lösen Sie das Problem in einem persönlichen Gespräch. Oder über Ihren Chef. Aber schreiben Sie keine böse Antwort-E-Mail, wenn Sie selbst die Kontrolle über den Prozess behalten wollen.

Sehen Sie auch von E-Mail ab, wenn es um **komplexere Entscheidungen** unter Einbeziehung mehrerer Personen geht.[15] Untersuchungen zeigen, dass bei mehr als drei Beteiligten Entscheidungen per E-Mail ewig dauern. Eine Besprechung oder eine Telefonkonferenz ist um ein Vielfaches effizienter. Sie kommen schneller zu einem Ergebnis und ersparen sich sehr viele E-Mails.

E-Mail ist auch vollkommen ungeeignet, **Dringendes** zu erledigen. Zwar wird E-Mail für gewöhnlich innerhalb von Sekunden zugestellt. Aber hundertprozentig verlassen können Sie sich darauf nicht. Der Server des Empfängers könnte nicht verfügbar sein. Sein Netzwerkprovider könnte ein Problem haben. Sein (oder Ihr) Server könnte seit heute Morgen auf einer Blacklist stehen und deshalb vom Internet nicht mehr bedient werden. Ihnen könnte ein Tippfehler in der Adresse unterlaufen sein. Etc. etc. Außerdem wissen Sie nicht, wann der Empfänger die E-Mail abruft. Vielleicht ist er den ganzen Tag in Besprechungen oder er ist krank, auf Reisen oder im Urlaub. Bei Dringendem ist deshalb der Griff zum Telefon (alternativ zu einem Instant Messenger) unverzichtbar. Sofern Ihre E-Mail nichts anderes enthalten würde als das, was Sie am Telefon ohnehin sagen würden, sollten Sie in dieser Angelegenheit vollkommen auf E-Mail verzichten. Sie verärgern Ihren Kommunikationspartner sonst nur.

Auch für das Gegenteil von »Dringendem« sollte E-Mail nur sehr limitiert eingesetzt werden: für das Versenden von **Informationen zur Vorratshaltung**. Darunter sind Informationen zu verstehen, von denen man weiß, dass der Empfänger sie aktuell nicht benötigt, von denen man aber glaubt, dass er sie zu einem späteren Zeitpunkt eventuell benötigen könnte. Früher wurde solch ein »Mitdenken« vom Empfänger honoriert. In Zeiten des »Informations-Overflows«, in denen man bereits in aktuellen Informationen zu ertrinken droht und man zudem Informationen bei Bedarf per Suchmaschine schnell finden kann, bringen E-Mails mit auf absehbare Zeit irrelevanten Informationen mehr Frust denn Lust. Empfänger solcher E-Mails fühlen sich meist verleitet, Gleiches mit Gleichem zu vergelten. Sofern Sie leichtsinnigerweise geäußert haben, sich nach der Pensionierung (in 25 Jahren) einen Umzug nach Teneriffa vorstellen zu können, erhalten Sie ab dann gnadenlos E-Mails mit Teneriffa-bezogenen Links. Und zwar mindestens fünfmal wöchentlich. Bis zur Pensionierung werden Sie über 6.000 E-Mails zum Thema erhalten haben. Sie werden diesen reichen Informationsschatz dann sicherlich zu würdigen wissen. Oder?

12. Alternativen zu E-Mail

Die Entscheidung, in einer bestimmten Angelegenheit keine E-Mail zu schreiben, bedeutet nicht, dass man überhaupt nichts unternimmt (obwohl dieses »Gar-nichts-Tun« häufig die mit Abstand beste Entscheidung ist). In vielen Situationen sind einfach andere Kommunikationswege gefordert, weil diese in der betreffenden Situation einer E-Mail meilenweit überlegen sind.

Der Dank an einen Kollegen für seine gute Projektarbeit ist ein gutes Beispiel hierfür. Eine Danke-E-Mail wirkt immer etwas schal. Jeder weiß, wie einfach solch eine E-Mail produziert werden kann. Deshalb wird ein solcher Dank von vielen Menschen gering geschätzt.[16] Viel wirkungsvoller ist es, den Kollegen im Abschlussbericht namentlich als unverzichtbare Säule des Projekts zu loben und sich für seine konstruktive Arbeit zu bedanken. Oder beim nächsten Teammeeting aufzustehen und den Dank vor allen Beteiligten verbal zu äußern. Auch eine handschriftliche Karte wird wesentlich höher eingeschätzt. Ihr ist anzusehen, dass sich der Dankende Mühe gemacht hat.

Überlegen Sie sich deshalb vor jeder neuen E-Mail, ob ein anderes Mittel nicht effizienter, empfängerfreundlicher oder schneller wäre. Falls ja, wählen Sie dieses. Als Alternativen bieten sich zunächst ein persönliches Gespräch, eine Besprechung, das gute alte Telefon und sogar ein ganz normaler Brief an.

Ein **persönliches Gespräch** ist nach wie vor unerreicht, wenn es um sensible, vertrauliche oder persönliche Dinge geht. Bei einem persönlichen Gespräch nimmt man den Gesprächspartner im Ganzen wahr: Körpersprache, Mimik und Betonung. Man kann deshalb viel besser abschätzen, ob die beabsichtigte Wirkung eingetreten ist oder nicht, und sofort entsprechend reagieren. Laut Kommunikationswissenschaftlern transportiert ein persönliches Gespräch über vierzehnmal mehr an Information als die beste E-Mail. Gerade weil das persönliche Gespräch kommunikationstechnisch so reich ist, ist es auch die beste Methode, um Beziehungen zu Menschen aufzubauen.

Persönliche Gespräche bringen in schwierigen Situationen sehr viel schneller Ergebnisse als eine E-Mail – sie bringen aber auch die Konfliktpunkte besonders unmittelbar zum Vorschein. Mancher ist deshalb versucht, einem schwierigen Gespräch durch eine E-Mail zu entgehen. Verfallen Sie nicht der Versuchung, sich hinter einer E-Mail zu verstecken. Zum einen ist es schlichtweg feige (und das spricht sich herum), und zum anderen werden Sie in den meisten Fällen dem Konflikt – und in der Folge sehr vielen E-Mails – nicht ausweichen können. Persönliche Gespräche haben einen weiteren Vorteil: Es entstehen keine Dokumente, die später (u. U. außerhalb des Gesamtzusammenhangs) plötzlich gegen Sie verwendet werden könnten.

Besprechungen sind das Mittel der Wahl, wenn unter Mitwirkung mehrerer Personen komplexe Entscheidungen zu fällen sind. Wenn nicht alle Beteiligten am gleichen Ort arbeiten, so kann man mit heutigen Telefonanlagen leicht eine Zusammenschaltung erzeugen. Das bringt uns zum nächsten Punkt.

Greifen Sie zum **Telefon**, wenn es um Eiliges geht. Telefon ist kommunikationstechnisch zwar schon viel ärmer als das direkte persönliche Gespräch, aber immer noch um ein Vielfaches besser als eine E-Mail. Deshalb ist auch eine **Telefon- oder Videokonferenz** in problematischen Situationen unbedingt einer E-Mail an die Beteiligten vorzuziehen.

Auch wenn der per Post verschickte **Brief** im Geschäftsleben inzwischen eine untergeordnete Rolle spielt, so wirkt er doch formaler, offizieller und auch persönlicher als eine E-Mail. Bei den meisten unserer Kunden werden auf Vorstandsebene nach wie vor sehr viele Briefe geschrieben. Das hat nichts mit Ablehnung moderner Technologien durch die Oberen zu tun, sondern (auch) damit, dass dem Geschäftspartner damit eine gewisse Wertschätzung entgegengebracht wird. Außerdem ist ein Brief immer noch ein vertraulicheres Dokument als eine E-Mail. Ein Brief kann zwar auch kopiert und an Dritte weitergeleitet werden, doch dies wird gemeinhin als eher arglistiger Akt des Empfängers betrachtet. Dagegen ist das Weiterleiten einer E-Mail eher die Regel als die Ausnahme. Ein Brief hat zudem noch den Vorteil, dass er nicht automatisch zehn Jahre lang in Archiven und auf Sicherungsbändern der EDV-Abteilung ruht.

Handschriftliches hat nach wie vor eine hohe Aktualität. Jack Welch, der legendäre Langzeitchef von General Electric, hat seine Mitarbeiter mithilfe von unzähligen kleinen handgeschriebenen Notizen geführt. Mitarbeiter, die Besonderes geleistet hatten, erhielten solche Zettelchen per Hauspost. Es war

51

nicht so, dass Welchs Sekretärin kein E-Mail-Konto gehabt hätte.[17] Aber Welch wusste, wie viel wirkungsvoller eine greifbare Anerkennung war. Da alle General-Electric-Manager um die »Marotte« Welchs wussten, hatte schon darum so ein Zettel einen hohen Wert.

Natürlich gibt es auch modernere Technologien, die sich als Alternativen zu E-Mail eignen. Beispiele hierfür sind Instant Messaging, SMS, Bulletin Boards, Intranet-Server, Datenbanken, verteilte Kalender-Systeme und Newsletter.

Instant-Messaging-Systeme sind »Echtzeit-E-Mail-Systeme«. Der Sender sieht, ob der Empfänger online ist, und unterbricht ihn mit seiner Nachricht direkt in seiner Arbeit. Für eilige Angelegenheiten, bei denen wenig Text geschickt werden muss, hat Instant Messaging deutliche Vorteile gegenüber E-Mail. Kommunikationstechnisch ist Instant Messaging aber auch nicht reicher als E-Mail.

Auch **SMS** ist ein direkter E-Mail-Konkurrent. Dabei ist der Umfang der Nachrichten noch begrenzter als bei Instant Messaging. Wenn man jemandem unterwegs eine kurze Nachricht zukommen lassen möchte, ohne ihn durch einen Anruf zu stören, ist SMS die beste Wahl. Allerdings ist SMS kommunikationstechnisch noch ärmer als E-Mail.[18]

Bulletin Boards, Intranet-Server, Datenbanken, Wikis und verteilte Kalendersysteme sind Wege, um Informationen »öffentlich auszuhängen«, die sonst per E-Mail verschickt werden müssten. Statt beispielsweise jedem Mitarbeiter den Speiseplan der Kantine zu mailen, ist es besser, ihn auf dem Intranet-Server abzulegen. Jeder Interessierte kann dann einfach darauf zugreifen; wer auswärts speist oder sich sein Mittagessen von zu Hause mitbringt, wird nicht durch eine E-Mail belästigt. Ähnlich ist es mit Kalendersystemen: Sofern der Kalender für die Kollegen online zugänglich ist, erspart man sich viele E-Mail-Anfragen, ob bestimmte Termine für Besprechungen frei seien. Oft ist ein solches Kalendersystem in die E-Mail-Programme integriert. Die elektronischen »Schwarzen Bretter« (Bulletin Boards, Intranet-Server) empfehlen sich vor allem für standardisierte, wiederkehrende Informationen, bei denen man vom Adressaten erwarten kann, dass er sie sich (grundsätzlich oder im Bedarfsfalle) selbst besorgt. Sofern Sie bislang solche Informationen per E-Mail verteilt haben, sollten Sie intensiv darüber nachdenken, wie Sie einen Teil davon an zentralen Stellen »aushängen« können. Denken Sie aber daran, die bisherigen Empfänger zu informieren, dass sie sich die Informationen künftig an einer bestimmten Stelle selbst abholen müssen.

Elektronische **Newsletter** sind zwar auch E-Mails, sie unterscheiden sich aber in Häufigkeit und Umfang von normalen Mails. Statt einzelne E-Mails zu einem Thema zu verschicken, bündelt man thematisch zusammengehörige Informationen in einem Newsletter. Der Newsletter wird dann zu festgesetzten Zeitpunkten ausgesandt (täglich, wöchentlich, monatlich ...). Newsletter eignen sich für Informationen, die nicht zeitkritisch sind und keine unmittelbaren Aktivitäten vom Empfänger fordern. Newsletter haben den Vorteil, dass sich die Empfänger zumeist über ein automatisches Interface selbst für den Verteiler an- und abmelden können, d. h., der Empfänger entscheidet, ob er diese Informationen erhalten möchte oder nicht. Wenn Sie sich dafür entscheiden, für bestimmte Themen einen Newsletter einzurichten, reduzieren Sie damit nicht nur die Anzahl Ihrer Ausgangsmails. Sie stellen gleichzeitig sicher, dass nur jene Empfänger den Newsletter erhalten, die die Informationen zu würdigen wissen und deshalb die Zeit zum Lesen gerne investieren.

13. Weshalb man zu anderen gut sein muss

»Ich bin der Boss!«, lautet Ihr persönliches Produktivitätsmantra.

Sie sind der Boss über das E-Mail-System!

Sie denken in erster Linie an sich und an Ihren Job.

Bedeutet dies auch, dass Sie Ihre Bedürfnisse grundsätzlich über die aller anderen Personen stellen sollen? Nein! Das Gegenteil ist der Fall. Wobei dies ebenfalls eine radikale Kehrtwende zur herrschenden Praxis ist. Bislang beherrscht nämlich Egozentrik den E-Mail-Verkehr:

- ICH schreibe eine E-Mail mitten in der Nacht, weil es für MICH bequem ist (ob das auf den Empfänger Druck ausübt, interessiert mich nicht).
- ICH beantworte schon einmal die Fragen Nr. 2 und Nr. 5, die anderen Fragen verschiebe ich auf irgendwann später, weil ICH die beiden Antworten später nicht mehr suchen möchte (der Empfänger kann Antworten sicherlich besser verwalten als ich, und falls nicht, macht MIR das auch nichts aus).
- ICH setze Müller Cc, weil ich MIR ersparen will, ihm die Situation extra zu erklären (soll er doch rausbekommen, welcher Abschnitt der E-Mail ihn betrifft).
- ICH habe diesen riesigen Verteiler, weil ich MICH absichern will und mir keine Gedanken machen möchte, wen das Thema wirklich betrifft (dass ich damit viel zu viele Leute von ihrer Arbeit ablenke, interessiert mich nicht).
- ICH tippe mit zwei Daumen auf meinem Blackberry, weil es MIR gerade zeitlich passt (ob der Empfänger wegen der vielen Tippfehler und der schlampigen Formatierung Leseprobleme hat, ist mir vollkommen egal).

Niemand fragt sich heute ernsthaft, was die Empfänger seiner E-Mails wünschen. Relevant ist nur das Eigeninteresse. Sofern Sie produktiver werden möchten, müssen Sie diese Einstellung für sich ändern. Sie müssen sich der Bedürfnisse der Adressaten Ihrer E-Mails bewusst werden und diese – soweit möglich – erfüllen. Und zwar nicht aus Nächstenliebe, sondern aus reinem Eigennutz.

Die Ich-Bezogenheit ist nämlich sehr kurzfristig orientiert. Man will die Dinge vom Tisch haben. Hauptsache weg! Hin zu einem anderen, der sich damit herumschlagen soll. Langfristig führt diese Einstellung zu Mehrarbeit und erhöhtem Stress für beide. Weil man sich mit Rückfragen herumschlagen muss, die von vornherein einfach zu vermeiden gewesen wären. Oder weil man Schadensbegrenzung betreiben muss. Oder weil es zu Fehlern und damit zu Nacharbeiten kommt. Etc. etc. etc. Wer rücksichtslos gegenüber anderen ist, gibt diesen explizit das Recht, ihm selbst gegenüber ebenfalls rücksichtslos zu sein.

Drehen Sie die Vorbildfunktion um. Entziehen Sie Ihren Kommunikationspartnern die Berechtigung zur Rücksichtslosigkeit. Seien Sie rücksichtsvoll. Die Empfänger erkennen das Bemühen und werden über kurz oder lang nicht umhinkommen, sich ebenfalls etwas anzustrengen. Vergleichen Sie das einfach mit dem Straßenverkehr: Ohne die gegenseitige Rücksichtnahme aller Verkehrsteilnehmer würde es auf den Straßen noch viel schlimmere Unfälle und noch viel mehr Staus geben, als dies ohnehin der Fall ist.

Merke:

Wer an den Empfänger denkt, spart sich langfristig viel Arbeit.

14. Empfangen – lassen Sie sich Ihren Arbeitsrhythmus nicht von E-Mails versauen

In den drei vorigen Kapiteln haben Sie gelernt, wann man eine E-Mail schreibt – und wann man davon Abstand nehmen sollte (oder sogar muss!). Dies war der erste Schritt. Sie haben sich die »inhaltliche Kontrolle« zurückgeholt. In Ihrem zweiten Schritt zu einem selbstbestimmten E-Mail-Leben holen Sie sich die Kontrolle über Ihre Arbeitszeit zurück. Denn wie heißt noch einmal Ihr persönliches E-Mail-Mantra?

Damit Sie es auch in diesem Kapitel nicht vergessen, schreiben Sie es noch einmal auf:[19]

Wann, wo und vor allem wie oft Sie Ihre E-Mails abrufen, beeinflusst massiv Ihren weiteren Tagesablauf. Das beginnt am Morgen und hört für viele am Abend noch nicht auf.

Praktisch alle untrainierten E-Mail-Anwender beginnen ihren Arbeitstag mit derselben Tätigkeit: Sie sichten ihren E-Mail-Eingang. Das ist im Prinzip nichts Schlechtes. Zumindest nicht, solange der Anwender sich dafür bewusst entschieden hat. Aber genau da liegt der Hase im Pfeffer: Laut unseren Erfahrungen wird die »Als Erstes E-Mails abrufen«-Praxis von keinem der E-Mail-Anwender je ernsthaft hinterfragt. Die natürliche Neugierde treibt uns dazu, als Erstes das E-Mail-System hochzufahren. Wir sind wie kleine Kinder, die aufgeregt zappelnd wissen wollen, was in einer Wundertüte zu finden ist. Darüber, ob es gerade ein günstiger Zeitpunkt dafür ist, machen wir uns keine Gedanken.

Dabei gibt es einen sehr guten Grund, mit dem Abruf der E-Mails ein oder zwei Stunden zu warten: Wir bewahren uns durch den Aufschub für einige

Stunden unseren Seelenfrieden. Die Problemchen des Vortags sind am Morgen nicht mehr so gegenwärtig. Und die neuen Tagesprobleme kennen wir noch nicht. Damit haben wir vor dem ersten E-Mail-Abruf die nötige Zeit und Ruhe, konzentriert an wichtigen oder konzeptionellen Dingen zu arbeiten. Dies ist uns nach dem ersten E-Mail-Abruf erfahrungsgemäß nur noch schwer möglich. Sobald wir nämlich mit konkreten kurzfristigen Aufgabenstellungen und Problemen (oder Problemchen) konfrontiert sind, fangen wir an, diese aktuellen Tagesprobleme abzuarbeiten. Und falls wir dies nicht sofort tun, kreist ein Teil unserer Gedanken doch ständig um die Frage, wann und wie wir sie lösen werden. Die längerfristigen konzeptionellen und strategischen Aufgaben erhalten zu wenig Gedankenkraft und gehen im Tagesgeschäft oft vollkommen unter. Mittelfristig bleiben sehr wichtige Dinge auf der Strecke. Präsident Eisenhower sagte einmal:»Auf meinem Schreibtisch landen grundsätzlich nur zwei Arten von Problemen: die dringenden und die wichtigen. Ich verbringe so viel Zeit mit den dringenden, dass ich nie zu den wichtigen komme.« Verhindern Sie dass (scheinbar!) Dringendes Sie von wirklich Wichtigem abhält. Nutzen Sie die ersten Stunden am Morgen, wenn Sie noch frisch und voller Elan sind, für wirklich Wichtiges. E-Mail gehört nicht dazu.

Sorgen Sie sich nicht, dass Sie durch den späteren E-Mail-Abruf Dringendes verpassen könnten. Ob Sie Ihre E-Mails um 8:30 Uhr oder 9:30 Uhr abrufen, macht praktisch keinen Unterschied. Wenn etwas wirklich dringend und wichtig ist, werden Sie parallel zur E-Mail ohnehin noch zusätzlich angerufen. Ein Schulungsteilnehmer schrieb uns einmal:»Die E-Mail-freie erste Stunde jeden Tag hat sich für mich zur mit Abstand produktivsten Stunde entwickelt. Ich schaffe in dieser Stunde teilweise mehr als am gesamten Nachmittag.«

Eine Grundregel, die Sie beherzigen sollten, lautet deshalb:

Geben Sie sich am Morgen eine Stunde Zeit für Wichtiges.

Grundsätzlich sollten Sie E-Mails nur dann abrufen, wenn Sie auch wirklich Zeit haben, diese zu bearbeiten. Wir schütteln immer die Köpfe, wenn Besprechungsteilnehmer in Pausen mit ihren Laptops und Blackberrys verschwinden, um einen Blick in ihren elektronischen Posteingang zu werfen. Im allerbesten Fall können diese Leute einige triviale E-Mails beantworten (auf Kosten der Erholungszeit und des zwischenmenschlichen Austauschs) und dadurch einige Minuten Arbeitszeit gewinnen. Wenn sie allerdings Pech haben (und E-Mail tendiert dazu, uns öfter in die Pech-Ecke zu stellen), finden sich im Posteingang E-Mails, die sie nicht innerhalb der Pause bearbeiten können. Dann müssen sie diese E-Mail zu einem späteren Zeitpunkt noch einmal zur Hand nehmen – und haben damit ihren Aufwand verdoppelt. Wenn sie weiteres Pech haben, ist eine dieser E-Mails scheinbar derart wichtig oder dringend, dass diese Leute nicht mehr entspannt und konzentriert an der Besprechung teilnehmen können. Denken Sie an die alte Volksweisheit: »Was ich nicht weiß, macht mich nicht heiß!« Sie ist in modernen E-Mail-Zeiten topaktuell. Eine Katastrophenmeldung im Posteingang entfaltet erst durchs Lesen ihre Wirkung. Und Hand aufs Herz: Wenn die Information wirklich so dringend wäre, wäre dann nicht zusätzlich ein Anruf gekommen?

Merke:

E-Mails nur abrufen, wenn Sie diese auch gleich bearbeiten können.

Sichten Sie Ihre E-Mails regelmäßig und in einem festen Rhythmus – keinesfalls aber öfter als drei Mal pro Tag. In der Regel reicht es vollkommen, seine elektronische Post am Morgen (z. B. um 10 Uhr) und am Nachmittag (z. B. um 14:30 Uhr) zu lesen.[20] Manche versierten Anwender separieren ihren Posteingang mittels Filterung in einen »internen Posteingang« und in einen »externen Posteingang«. Diese Posteingangskörbe bearbeiten sie mit unterschiedlicher Priorität. Den internen Posteingang sichten sie nur einmal pro Tag, den externen dafür dreimal täglich. Gleichgültig wie Sie dies organisiert haben: Halten Sie die festgelegten Zeiten ein und reservieren Sie sich immer ausreichend Zeit für die Bearbeitung. 45 Minuten sind das Minimum. Es ist eine gute Idee, diese Zeiträume im Firmenkalender zu blocken. Dann legt Ihnen niemand andere Tätigkeiten in diese Zeiten. Sofern Sie bei Ihrem regulären Abruftermin einmal zu wenig Zeit zum Bearbeiten haben, sollten Sie grundsätzlich den Abruf verschieben. Es macht einfach keinen Sinn, sich mit Dingen zu belasten, die man nicht ändern kann.

Merke:

E-Mails regelmäßig und maximal drei Mal pro Tag sichten.

Auf gar keinen Fall dürfen Sie E-Mails immer sofort nach ihrem Eintreffen lesen. Aber genau dies ist leider eine weitverbreitete Unsitte. Gemäß der bereits zitierten Studie[21] unterbrechen 72 Prozent aller E-Mail-Nutzer ihre laufende Aktivität, wenn eine neue E-Mail eintrifft. Die Befragten erhielten durchschnittlich 39 E-Mails pro Tag. Dies bedeutet, dass sich diese Menschen im Durchschnitt alle 13 Minuten von ihrer aktuellen Arbeit ab- und ihrem Posteingang zuwenden. Es bedarf nicht viel Fantasie, um sich auszumalen, wie wenig konzentriert diese Menschen an ihren Aufgaben arbeiten können.

Arbeitspsychologisch durchlaufen Menschen, die ständig ihre Arbeit unterbrechen, eine sogenannte Sägezahnkurve. Diese Sägezahnkurve visualisiert, was wir im Prinzip alle wissen: Durch eine Unterbrechung wird die Konzentration zerstört. Diese Konzentration anschließend wieder aufzubauen benötigt eine gewisse Zeit. In Untersuchungen wird für die Wiederherstellung der maximal möglichen Konzentration am häufigsten eine Zeitspanne von 15 Minuten genannt. Wenn Sie aber alle 13 Minuten unterbrochen werden, dann werden Sie Ihren optimalen Konzentrationslevel nie mehr erreichen. Die Sägezahnkurve sagt noch etwas anderes aus: Je häufiger Sie unterbrochen werden, desto länger dauert es, bis Sie wieder maximal konzentriert sein können. Und die Kurve ist fallend. Die maximal erreichbare Konzentration wird mit jeder Unterbrechung geringer. Am Abend erreicht man nach einem unterbrechungsreichen Tag selbst nach einer längeren Ruhezeit nicht mehr den gleichen Konzentrationslevel wie am frühen Vormittag.

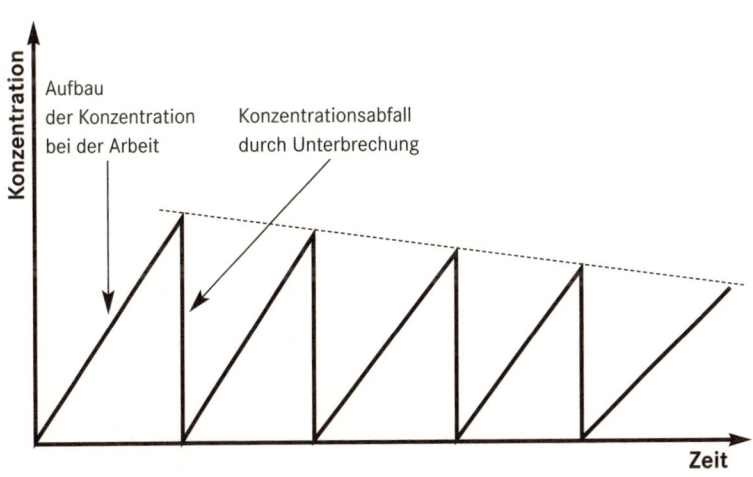

Eine Studie[22] versuchte die Auswirkungen ständiger Unterbrechungen zu quantifizieren. Gemäß dieser Studie kann ein ständig unterbrochener E-Mail-Nutzer in etwa das leisten, was er nach einer durchzechten Nacht leisten würde.[23] Eine andere Studie unterstellt über den gesamten Arbeitstag einen Produktivitätsverlust von 40 Prozent.[24] Britische Forscher haben einen IQ-Verlust von bis zu 10 Prozentpunkten durch Unterbrechung der Konzentration durch SMS- oder E-Mail-Eingang gemessen (verglichen mit nur 4 Punkten Verlust, wenn die Testperson »eingeraucht« war).[25] Wieder eine andere Untersuchung hat festgestellt, dass die Anwender bei 40 Prozent der Unterbrechungen gar nicht mehr zu ihrer früheren Arbeit zurückkehren, sondern stattdessen anfangen, die neu eingetroffene E-Mail zu bearbeiten oder mit einer ganz anderen Aktivität zu beginnen. Mit jeder eingehenden E-Mail haben diese Menschen also zusätzlich einen weiteren »Ball in der Luft zu halten«.

Gleichgültig von welcher Seite man es betrachtet: Die ständige Unterbrechung der Arbeit, um neu eingetroffene E-Mails zu sichten, ist eine Hauptursache für die von E-Mail ausgehende Überlastung. Und (fast) jeder E-Mail-Anwender sieht das ein. Im Prinzip zumindest. Trotzdem verstoßen die meisten ständig gegen ihr besseres Wissen. »Ein bisschen nachsehen schadet doch nicht!«, wird gesagt. Oder: »Der Geist ist willig, doch das Fleisch ist schwach!« Auf die erste Entschuldigung lässt sich erwidern: »Doch! Es schadet! Und zwar einzig und alleine Ihnen! Zunächst unmerklich zwar, doch trotzdem. Der stete Tropfen höhlt den Stein. Und die ständige E-Mail-Sichtung höhlt Sie aus. Wenn Sie in zwanzig Jahren Burn-out haben, werden Sie wissen, weshalb.«

Gegen das »schwache Fleisch« sind einige Kräuter gewachsen. Ihr E-Mail-Client bietet hierzu zwei sehr praktische Funktionen. Schalten Sie zunächst alle optischen und akustischen Signale ab, die den Eingang einer neuen E-Mail signalisieren. Wenn Sie nicht merken, dass eine neue E-Mail eingegangen ist, brauchen Sie auch Ihre Arbeit nicht zu unterbrechen. So einfach ist das! Stellen Sie zudem die Abrufhäufigkeit in Ihrem E-Mail-Client auf einen größeren Zeitabstand ein. Normalerweise ruft Ihr E-Mail-System alle 5 bis 10 Minuten die neuen E-Mails vom Server ab. Wenn Sie die Abrufhäufigkeit auf 90 Minuten einstellen, werden bei einem Acht-Stunden-Arbeitstag nur noch fünfmal die neu eingetroffenen E-Mails in Ihren Posteingang geladen. Der Vorteil: Selbst wenn Sie in Ihr E-Mail-System sehen (z. B. weil Sie selbst eine E-Mail schreiben wollen), sehen Sie keine neu eingetroffene Post.

60

Die großen Abrufabstände haben keinen Nachteil: Sollten Sie außer der Reihe einmal eine avisierte E-Mail vor der Zeit herunterladen wollen, können Sie dies einfach manuell anstoßen.

Merke:
Keinesfalls ständig die Arbeit unterbrechen.

Lange Zeit waren berufliche E-Mails auf das Büro beschränkt. Außerhalb des Büros hatte man seine Ruhe. Der Fernzugriff auf den E-Mail-Eingang im Unternehmen änderte das. Heute lassen sich E-Mails per Smartphone oder Laptop praktisch von überall in der Welt abrufen und bearbeiten. Mit sogenannten mobilen Push-Diensten wurde dann die E-Mail-Fernsteuerung zur Perfektion gebracht. Der kanadische Anbieter RIM (Research in Motion) war mit seinem Blackberry-Gerät der Pionier. Man braucht mit dem Blackberry seine E-Mails nicht länger aktiv abzurufen, sondern bekommt sie automatisch in die Jackentasche geschickt. Innerhalb kürzester Zeit wurde das schicke kleine Gerät zum Statussymbol fortschrittsgläubiger Angestellter.

Spätestens per Push-Dienst kann uns E-Mail also nicht mehr nur am Arbeitsplatz den Takt vorgeben, sondern auch während Besprechungen, auf Reisen, zu Hause, am Wochenende und im Urlaub.»Kann« bedeutet, dass dies nicht zwingend so sein muss. Ob ein Blackberry ein Segen oder ein Fluch ist, entscheidet allein die Art, wie wir mit ihm umgehen. Ein ganz entscheidendes Funktionselement des Gerätes ist sein Aus-Schalter. Sie sollten von ihm regen Gebrauch machen. Schließlich sind Sie der ...!

Auch wer unterwegs ist, braucht höchstens zwei- bis dreimal pro Tag in seinen E-Mail-Eingang zu sehen. Der Blackberry ändert nichts an den Grundsätzen vernünftiger Arbeitsorganisation. Am verstärkten Auftreten des »Blackberry-Daumens«[26] sieht man allerdings, dass Blackberry-Besitzer sich nicht daran halten. Sie sehen in jeder freien Minute in ihrem Posteingang nach und hacken dann mit spitzen Fingern und schmerzenden Daumen stark verkürzte Antworten in die Miniaturtastatur.

Natürlich ist es äußerst praktisch, in Leerlaufzeiten – z. B. auf der Zugfahrt von zu Hause ins Büro – einige Arbeit erledigen zu können. Überlegen Sie aber vor jeder Blackberry-Nutzung einen Moment, ob Ihnen nicht besser damit gedient wäre, wenn Sie stattdessen eine Zeitung lesen oder einfach mal die Gedanken schweifen lassen würden. Viele kreative Ideen und Lösungen entstanden genau in diesen Situationen. Wer in seiner freien Zeit nichts anderes mehr zu tun weiß, als in seinen Posteingang zu sehen, hat einige ganz wichtige Elemente seines Lebens verloren.

Merke:

Alle Grundregeln gelten auch für Blackberry.

Auf keinen Fall sollten Sie der Unsitte frönen, während Besprechungen Ihre E-Mails zu lesen. Das ist den anderen Teilnehmern gegenüber extrem unhöflich (genauso gut können Sie sich mit einem Gameboy, einem mobilen Fernsehgerät oder einem iPod an den Tisch setzen oder einfach die Tageszeitung aufschlagen). Sie vergeben sich damit aber vor allem die Möglichkeit, in der Besprechung mit wirklichen Menschen etwas wirklich Wichtiges zu bewegen. Durch Ihre Ignoranz sinkt Ihr Status in der Gruppe. Ihre Stimme (sofern Sie diese vor lauter E-Mailen überhaupt erheben) verliert an Gewicht.

Und wie steht es mit dem E-Mail-Abruf in der Freizeit? Am Abend? Am frühen Morgen? Am Wochenende? Im Urlaub? Nun, dazu haben wir eine feste Meinung: Das ist Ihr Privatvergnügen.[27] Wenn Sie nichts Besseres mit Ihrer Zeit anfangen können, ist es allemal besser, E-Mails zu bearbeiten, als in eine Depression zu verfallen. Sie sollten allerdings nicht unterstellen, dass Ihre Kommunikationspartner (und deren Familien) die gleiche Definition von Privatvergnügen haben. Erwarten Sie nicht, dass sie Ihnen ebenfalls in der Freizeit antworten. Um bei den Empfängern keinen unbotmäßigen Druck aufzubauen, empfiehlt es sich, Ihre E-Mails zeitverzögert am nächsten Werktag absenden zu lassen. Dies gilt vor allem, wenn Sie als Vorgesetzter E-Mails an Mitarbeiter senden. Selbst wenn Sie es nicht beabsichtigen sollten: Eine E-Mail des Chefs, die um 0:15 Uhr abgesendet wurde, erzeugt beim Empfänger Stress. Denken Sie auch daran: Ihre Mitarbeiter könnten dieses Buch gelesen haben und ihren Posteingang erst wieder am Montag um 10 Uhr sichten.

E-Mail-Bearbeitung in der Freizeit ist also reines Privatvergnügen. Falls Sie dies nicht so sehen und dessen ungeachtet trotzdem das Wochenende vor allem deshalb herbeisehnen, weil Sie dann endlich ungestört den E-Mail-Überhang abarbeiten können, haben Sie ein massives Problem! Die Wahrscheinlichkeit, dass Sie stramm auf einen Burn-out zumarschieren, ist groß. Außerdem haben Sie unserer Erfahrung nach die zweitletzte Stufe Ihrer Karriere-möglichkeiten erreicht. In den nächsthöheren Jobs werden die Kommunikati-onsaufgaben nämlich noch anspruchsvoller sein. Sie werden trotzdem weiter-hin nur ein Wochenende zur Verfügung haben. Das wird vielleicht noch für diesen Job ausreichen. Für mehr aber auch nicht.

Sofern Sie sich in dieser wirklich sehr kritischen Situation befinden, gibt es nur eine einzige Möglichkeit, sich daraus zu befreien: Sperren Sie das ge-schäftliche E-Mail-System rigoros aus Ihrem Privatleben aus. Und zwar wirk-lich vollständig. Dann wenden Sie die in diesem Buch beschriebenen Metho-den an, um die E-Mails während Ihrer regulären Arbeitszeit in den Griff zu bekommen. Denken Sie daran: Sie sind der Boss!

Apropos »Boss«: Obwohl Sekretariate und Assistenzen zunehmend einge-spart werden, hat doch der ein oder andere noch immer die Möglichkeit, sich bei der Postbearbeitung helfen zu lassen. Wenn Sie zu diesen glücklichen Menschen gehören, sollten Sie Ihre Assistenz bereits beim E-Mail-Abruf aktiv einbinden. Definieren Sie einen Ablauf und halten Sie sich daran. Es ist z. B. eine gute Idee, dass die Assistenz den Posteingang sichtet und vorbearbeitet, bevor Sie selbst den ersten Blick hineinwerfen.

15. E-Mails bearbeiten statt E-Mails lesen

Aus den vorangegangenen Kapiteln wissen Sie, dass eine eingehende E-Mail nicht unbedingt etwas Positives ist, das sofort liebevoll umarmt werden will. Im Gegenteil: Jede eingehende E-Mail ist ein potenzieller Anschlag auf Ihre Produktivität, Ihr Wohlbefinden und (langfristig) sogar auf Ihre Gesundheit. Der Posteingang kostet Sie Zeit, Energie und Aufmerksamkeit. Entsprechend vorsichtig sollten Sie mit ihm umgehen.

Merke:
> *Durch Ihre eingesetzte Arbeit muss der Posteingang an Wert gewinnen!*

Betrachten Sie Ihren Posteingangsordner als ein Werkstück, für das Sie bezahlt werden. Jede Aktion, die Sie am Posteingang vornehmen, sollte dessen Wert für Sie und das Unternehmen erhöhen. Es ist wie bei einem Modellbausatz: Es nützt nichts, die einzelnen Bauteile ständig in die Hand zu nehmen, neu zu sortieren und dann wieder in die Schachtel zurückzulegen. Keine dieser Tätigkeiten macht das Endprodukt vollständiger und damit wertvoller. Damit sind diese Handlungen reine Zeit- und Geldverschwendung.

Auf E-Mail übertragen bedeutet dies, dass Sie Ihren E-Mail-Eingang niemals »einfach nur so zur Information« durchlesen sollten. Schon die erste Sichtung der neu eingegangenen E-Mails muss bereits Zusatzwert generieren. Die beiden grundlegenden wertsteigernden Maßnahmen, die Sie während der Sichtung Ihres Posteingangs mindestens vornehmen müssen, sind:

- Priorisieren der Nachrichten
- Löschen von unnötigen E-Mails

Beginnen Sie niemals sofort damit, die älteste (oder neueste) E-Mail zu öffnen und abzuarbeiten. Verschaffen Sie sich anhand der Übersichtsansicht Ihres E-Mail-Programms zunächst einen Überblick über die gesamte neu eingegangene Post. Sofern die neue Eingangspost nur einen kurzen Zeitraum abdeckt, empfiehlt sich die Sortierung der neuen E-Mails nach dem Eingangsdatum. Sollten Sie dagegen die E-Mails vieler Tage abrufen (z. B. nach dem Urlaub), ist es besser, die E-Mails nach dem Absender zu sortieren. Viele Themen haben sich in der Zwischenzeit nämlich oft schon erledigt, siehe unser Beispiel hier:

von	Datum	Betreff
Chef	25.01.2008	Situation bei Maier & Co geklärt
Chef	18.01.2008	Dringend: Kontaktdaten bei Maier & Co benötigt
Chef	17.01.2008	Warum sendet Maier & Co Lieferung vom 9.1.08 zurück?

Die **Priorität** einer E-Mail ergibt sich bei der übersichtsweisen Sichtung vor allem aus dem Absender, der Betreffzeile und dem Verteiler. E-Mails, die vom eigenen Chef oder vom wichtigsten Kunden kommen, genießen sicherlich einen Vorrang vor E-Mails anderer Absender. Eine E-Mail mit der Betreffzeile »Eilige Entscheidung nötig!« verdient es ebenfalls, vor einer E-Mail mit dem Betreff: »Information: ...« gelesen zu werden. E-Mails, die direkt an Sie adressiert sind, sind wichtiger als E-Mails, bei denen Sie lediglich Cc gesetzt sind. Unter allen »An«-adressierten E-Mails sind wiederum jene am wichtigsten, bei denen Sie der einzige »An«-Empfänger sind.[28] Wahrscheinlich haben Sie im Laufe der Zeit ein inneres Entscheidungsmodell entwickelt, das aus all diesen Informationen eine eindeutige Priorität ableitet. Sofern Ihr E-Mail-Client eine entsprechende Funktion hat, können Sie den wichtigen E-Mails auch optisch eine hohe Priorität zuweisen (Farbe oder Symbol).

Mit dem überblicksmäßigen Sichten der neuen Eingangspost geht die erste **Bereinigung des Posteingangs** einher. Dabei werden – praktisch nebenbei – alle Nachrichten entsorgt, die man sich aufgrund des Absenders, der Betreffzeile, des Verteilers oder des Absendedatums nicht einmal ansehen möchte.

Sofern es sich um Spam handelt und Ihr E-Mail-System einen selbstlernenden Spam-Filter besitzt, benutzen Sie für diese Post nicht den normalen

Löschbefehl. Stattdessen markieren Sie diese E-Mails als Spam. Der Spam-Filter generiert dann aus der Kombination von Absender, Empfänger und Betreffzeile eine Regel und hält künftig ähnliche E-Mails von Ihrem Posteingang fern (oder markiert sie zumindest als Spam). Die anderen E-Mails löschen Sie einfach. Seien Sie so rigoros wie möglich. Je mehr E-Mails Sie ungelesen aus dem Posteingang herauswerfen, desto weniger brauchen Sie später zu öffnen und zu lesen. Lassen Sie sich auch nicht durch reißerische Betreffzeilen verführen. »Jennifer Lopez nackt!« hat nicht nur nichts mit Ihrem Job zu tun, sondern enthält mit ziemlicher Sicherheit auch noch ein schädliches Programm.

Folgende E-Mails gehören *ungelesen* in den Papierkorb:
- Betreffzeilen, die nichts mit dem Unternehmen zu tun haben (Spam, Funpost, Serienbriefe, Votings, Hilferufe, Phishing-Mails, Hoaxes etc.)
- Leere Betreffzeilen
- Betrefftexte, die zufallsgenerierte Zeichenfolgen enthalten
- Betreffzeilen, in denen die Rechtschreibung offensichtlich deshalb geändert wurde, um Spam-Filter zu umgehen
- Zigmal weitergeleitete E-Mails (Fwd:Wtrlt:WG:Fw:AW:...)
- E-Mails mit unterdrücktem Verteiler (soweit man sich nicht für diese Aussendung registriert hat)
- Veraltete Informations-E-Mails (Newsletter etc.)

Wie Sie sehen, empfehlen wir Ihnen, auch sogenannte »Funpost«[29] ungesehen zu löschen. Solche Fun-E-Mails sind zwar oft sehr gut gemacht, teilweise wirklich witzig und manchmal auch regelrecht inspirierend, aber sie fressen Zeit und Aufmerksamkeit. Sie sollten sich solche Zeitfresser höchstens sehr kontrolliert gönnen – z. B. nur am Freitagnachmittag als Belohnung für disziplinierte E-Mail-Nutzung während der ganzen Woche. Auf keinen Fall sollten Sie diese E-Mails aber weitersenden. Sie können sich und den Empfänger in Schwierigkeiten bringen. In den meisten Unternehmen ist diese Art von E-Mail nämlich streng verboten. Wer gegen dieses Verbot verstößt, riskiert eine Abmahnung.

Lassen Sie uns an dieser Stelle auch noch etwas über den Unterschied zwischen »interessant« und »wichtig« sagen. Dummerweise enthalten E-Mails häufig wirklich interessante Dinge. Und dummerweise ist der Mensch so gestrickt, dass er sich zuerst auf Interessantes stürzt. Das war zu Zeiten, in denen nur alle paar Jahre mal ein Zirkus ins Dorf kam und man das Interessante dann monatelang ausschlachten konnte, eine vernünftige Verhaltensweise. Heute können wir aber im Minutentakt Interessantes erfahren. Und das hat eine drastisch reduzierte Aktualitätsdauer. Wenn Sie übermorgen Ihrem Kollegen das Interessante von heute erzählen wollen, zuckt er mit den Schultern und sagt: »Das war einmal. Inzwischen ist ...« Verkneifen Sie sich deshalb alles Interessante, was für Sie nicht wichtig ist. Löschen Sie es aufgrund der Betreffzeile einfach weg.

Damit wären Sie mit dem ersten Bearbeitungsschritt fertig: dem Löschen. Nach der rigorosen Bereinigung sind nur noch jene E-Mails in Ihrem Posteingang verblieben, die Sie wirklich bearbeiten möchten. Indem Sie den Posteingang vom Schrott befreit haben, ist er nunmehr »sortenrein« und damit »wertvoller« als zuvor.

Im nächsten Schritt beginnen Sie die E-Mails abzuarbeiten. Dazu öffnen Sie eine E-Mail nach der anderen. Da Sie für die Bearbeitung genügend Zeit reserviert haben (siehe Kapitel 14), könnten Sie im Prinzip mit jeder E-Mail anfangen. Es empfiehlt sich aber, mit den E-Mails mit der höchsten Priorität zu beginnen und sich dann nach und nach »die Leiter hinunterzuarbeiten«.

Eine einmal geöffnete E-Mail sollte so weit als möglich unmittelbar abgearbeitet werden. Wer das nicht tut, muss die E-Mail später unnötigerweise nochmals in die Hand nehmen. Mit dem nochmaligen Lesen verschwendet er Zeit und (viel schlimmer!) mentale Kraft.

Merke:
Eine E-Mail nie öfter anfassen als unbedingt nötig!

Idealerweise sollte man eine E-Mail beim erstmaligen Lesen »abhaken«, d. h. **abschließend bearbeiten**. Die »Sofort-Regel« besagt, dass alles, was innerhalb von drei Minuten erledigt werden kann, auch zwingend sofort erledigt werden sollte. Der Aufwand, sich später wieder in die E-Mail hineinzudenken, wäre unverhältnismäßig groß. Widerstehen Sie deshalb der Neugier und der Versuchung, erst einmal zur nächsten E-Mail weiterzugehen.

Innerhalb von drei Minuten können Sie beispielsweise:

- die in der E-Mail enthaltene Information zur Kenntnis nehmen
- die in der E-Mail enthaltene Information dort einpflegen, wohin sie gehört (Adressen in die Adressverwaltung, Termine in den Kalender, Aufgaben in die Aufgabenliste, Anhänge in das Dateisystem, Aufträge in die Auftragsverwaltung etc.)
- Termine checken und dann bestätigen
- E-Mails an den wirklich Zuständigen zur Bearbeitung weiterleiten
- einfache Fragen abschließend beantworten
- angefragte Dateien versenden
- sich für eine besondere Leistung bedanken
- dem Sender mitteilen, dass er in der Angelegenheit keine Antwort/Hilfe von Ihnen zu erwarten braucht

Erfahrungsgemäß haben die meisten Anwender mit dem Einpflegen von Informationen in andere Systeme Probleme. Sie übertragen die in der E-Mail enthaltenen Informationen nicht konsequent. Da »die Informationen ja ohnehin schon auf dem Rechner sind«, werden sie vom Empfänger nicht aus der E-Mail herausgelöst. Frei nach dem Motto: »Ich mache mir doch nicht unnötige Arbeit! Wenn ich die Adresse oder den Anhang brauche, dann werde ich die E-Mail schon wiederfinden!«

So verständlich diese Einstellung ist, so sehr kann sie zurückschlagen. Der spätere Suchaufwand übersteigt den Aufwand für das Einpflegen nämlich häufig ganz deutlich. Außerdem liegt die Information später nicht in der benötigten Form vor. Die Aufgabe »Wir wollen allen, die sich letztes Jahr einmal bei uns beschwert haben, eine E-Mail senden« ist ein Klacks, wenn diese Adressen mit den entsprechenden Attributen in die Adressverwaltung eingepflegt wurden. Und sie ist ein Horror, wenn man dies nicht getan hat. Allerdings macht es andererseits auch keinen Sinn, Informationen, die man später mit Sicherheit niemals mehr benötigt, aufwendig in andere Systeme zu übertragen. Hier ist Ihr Urteilsvermögen gefragt. Wenn Sie glauben, eine Information später wieder zu benötigen, sind Sie auf jeden Fall gut beraten, diese Information sofort in das System zu übertragen, das genau für diesen Zweck gedacht ist.

Erlaubt Ihr E-Mail-System, eingehende E-Mails zu editieren,[30] können Sie während des Lesens eine weitere wertsteigernde Tätigkeit vornehmen: Sie können wichtige Textpassagen markieren (farblich hinterlegen, Farbe oder

Schriftstärke ändern), damit Sie sich bei einem späteren nochmaligen Lesen schneller orientieren können. Sie können den Text auch durch das Löschen überflüssiger Passagen straffen. Denken Sie aber daran, dass Sie dadurch immer das Original verändern. Sofern Sie die E-Mail an einen Dritten weiterleiten möchten, sollten Sie auf diese Bearbeitungen verzichten.

Ist eine E-Mail abschließend beantwortet, müssen Sie über das Schicksal der E-Mails entscheiden. Sie können

- die E-Mail ablegen
- die E-Mail löschen

Auf keinen Fall dürfen Sie die erledigte E-Mail im Posteingang lassen. Dort hat – wie der Name schon sagt – einzig neu eingegangene, noch nicht gelesene Post etwas verloren. Schließlich würden Sie zu Hause auch nie auf die Idee kommen, die Briefe, die Sie gelesen haben, wieder in den Postkasten zu stecken.

Erfahrungsgemäß können die meisten erledigten Eingangs-E-Mails gelöscht werden. Das gilt im besonderen Maße für reine Informationsmails (»Das Meeting mit AGATI AG wurde von Raum 04 in Raum 05 verlegt«) sowie für E-Mails, deren Informationen vollständig in andere Systeme eingepflegt wurden. Leider werden erledigte E-Mails viel zu selten gelöscht. Man verschiebt die Entscheidung auf später. Dabei werden Sie niemals wieder eine ähnlich gute Informationslage haben, um über den Löschvorgang zu entscheiden. In dem Moment, in dem Sie den Fall abgeschlossen haben, wissen Sie (mit ziemlicher Sicherheit) mehr darüber als zu jedem Zeitpunkt danach. Jede spätere Entscheidung – z. B. wenn Sie E-Mails löschen müssen, weil Sie an die Postfachgrenze stoßen – ist viel aufwendiger. Aufgrund des hohen Aufwands einer selektiven Bereinigung löschen viele Anwender in solch einem Fall dann lieber pauschal alle E-Mails, die vor einem bestimmten Datum eingetroffen sind. Die Gefahr, bei diesem Rundumschlag eine wirklich wichtige E-Mail zu löschen, ist wesentlich größer als beim selektiven Löschen sofort nach der Bearbeitung.

Selbst wenn Ihr Unternehmen Ihre Postfachgröße nicht beschränkt – z. B. weil Ihre E-Mails automatisch archiviert werden –, lohnt es sich, E-Mails kräftig zu löschen. Nach Feng-Shui belastet alles, was wir nicht unbedingt brauchen, die Seele. Es gibt aber auch einen wesentlich trivialeren Grund für das

69

strikte Löschen: Sie vereinfachen sich in Zukunft die Suche dramatisch. Es ist äußerst angenehm, auf eine Suchanfrage nicht tausend E-Mails präsentiert zu bekommen, sondern nur dreißig. Stellen Sie sich deshalb stets die Frage: »Wann und wozu werde ich diese E-Mail noch einmal benötigen?« Falls Ihnen nichts Konkretes einfällt, löschen Sie die E-Mail.

Merke:

Eine E-Mail, die gelöscht ist, beansprucht keine Zeit mehr.

Sollten Sie eine E-Mail nicht sofort abschließend bearbeiten können – z. B. weil Ihnen hierzu noch wichtige Informationen fehlen oder weil die in der E-Mail gestellte Aufgabe mehrere Stunden Ihrer Arbeitszeit benötigen wird –, dann sollten Sie die E-Mail zumindest **einen Schritt in Richtung Lösung** bringen. Hierzu können Sie beispielsweise:

* dem Absender den Empfang bestätigen[31] und ihm einen Zwischenstatus geben (bis wann er mit einer Antwort rechnen kann)
* Zusatzinformationen beim Sender oder bei Dritten anfragen
* Dritten Aufträge erteilen
* die E-Mail als »in Arbeit« markieren
* die E-Mail zur späteren Erledigung auf Termin legen
* Kommentare für die spätere Bearbeitung einfügen[32]

Denken Sie daran: Für manche der Bearbeitungsmaßnahmen gibt es bessere Mittel als eine neue E-Mail. Gehen Sie vor allem mit der Empfangsbestätigung und dem Zwischenstatus sensibel um. Diese E-Mails können gemäß der Regel »Wer E-Mails sät, wird E-Mails ernten« wieder neue unnötige E-Mails generieren. Falls Sie z. B. eine E-Mail innerhalb von 24 Stunden vollständig beantworten können, brauchen Sie in den meisten Fällen keinen Zwischenstatus zu geben. Aus denselben Gründen sollten Sie – soweit möglich – auch an Sie gerichtete Fragen nicht stückchenweise mit mehreren E-Mails beantworten. Der Satz »Zunächst einmal die Antworten auf Ihre Fragen 1, 5 und 15 ...« signalisiert Reaktionsbereitschaft, generiert aber eine zusätzliche E-Mail, die der Empfänger ob der lückenhaften Antwort vielleicht nicht einmal zu würdigen weiß. Warten Sie mit Ihrer Antwort lieber so lange, bis Sie die E-Mail des Senders vollständig beantworten können. Man kommt zwar nicht immer ohne E-Mails mit Teil- oder Zwischenergebnissen aus, aber doch wesentlich öfter, als man gemeinhin denkt.

Am Ende Ihrer E-Mail-Bearbeitungsroutine sollten alle eingegangenen E-Mails in eine der drei Klassen passen:

- Endgültig erledigt (und deshalb fast alle gelöscht)
- In Arbeit
- Zur späteren Erledigung auf Termin gelegt

Alle E-Mails sollten zu diesem Zeitpunkt aus dem Posteingang verschwunden sein.[33] Sie lachen? Dann gehören Sie wohl zu der Mehrheit der untrainierten E-Mail-Anwender, in deren Posteingang wir gelegentlich mehr als zehntausend E-Mails finden. Wir raten Ihnen dringend, die Praxis des Jagens und Sammelns zu ändern. Arbeitspsychologen sagen uns nämlich ganz klar, dass ein voller Posteingang stresst – selbst wenn er keine einzige offene E-Mail mehr enthält. Unser Unterbewusstsein »sieht« nämlich nicht differenziert. Es »sieht« nur, dass wir ständig angestrengt an dem Objekt »Posteingang« arbeiten und dieser praktisch nicht kleiner wird (im Gegenteil). Gönnen Sie sich (und Ihrem Unterbewusstsein) das Erfolgserlebnis, zumindest einmal am Tag auf einen leeren Posteingang zu schauen und zu sagen: »Das habe ich alles weggeputzt! Ich habe die Kontrolle!«

Erfahrungsgemäß fällt es deutschen Anwendern schwer, die Maxime »Ganz leerer Posteingangskorb!« stressfrei umzusetzen. Sie finden es unmöglich, sich von E-Mails zu trennen, die sie aus einer Reihe von Gründen im Posteingang behalten möchten. Immer wieder wird der Vergleich mit dem Schreibtisch genannt, auf dem auch die allerwichtigsten Vorgänge in ständiger Sichtweite gehalten werden. Obwohl es für diesen Anwendungsfall durchaus andere organisatorische Lösungen gibt, ist es unserer Meinung nach in Ordnung, eine beschränkte Anzahl von älteren E-Mails im Posteingang zu belassen. Wenn Sie dies tun möchten, sollten Sie jedoch eine maximale Anzahl definieren, die Sie nicht überschreiten dürfen. Die Anzahl dieser E-Mails darf maximal die Hälfte des Übersichtsbildschirms einnehmen. Sonst glaubt Ihnen Ihr Unterbewusstsein nicht mehr, dass Sie den Prozess unter Kontrolle haben.

71

Wie kommen Sie nun zu Ihrem ersten leeren Posteingang? Indem Sie sich hinsetzen und alle E-Mails, die sich über die Zeit in Ihrem Posteingang angesammelt haben, einzeln durchgehen und anschließend entweder löschen oder ablegen? Eher nicht! Diese Vorgehensweise klappt nämlich nur, wenn Sie vergleichsweise wenige E-Mails im Posteingang haben (maximal 200 – 300). Ansonsten verurteilt Sie diese Methode von Anfang an zum Scheitern.

Unternehmen Sie auch hier einen Befreiungsschlag: Legen Sie einen neuen Ordner an, den Sie »Posteingang bis <aktuelles Datum>« nennen. Dann verschieben Sie alle gelesenen E-Mails aus dem Posteingang in diesen Ordner und überlassen ihn sich selbst. Sie werden überrascht sein, wie selten Sie in diesem Ordner nachsehen müssen. Spätestens in drei Monaten wird der Ordner still vor sich hin schlummern.

16. Offene Vorgänge richtig verwalten – E-Mails ablegen

Was soll nun mit unseren gelesenen, aber noch nicht vollständig erledigten E-Mails geschehen? Im Posteingang wollen wir sie ja nicht behalten.

Als Erstes markieren wir eine solche E-Mail als »noch unerledigt«. Die meisten E-Mail-Nutzer tun dies intuitiv und sehr pragmatisch, indem sie die Nachricht einfach als ungelesen markieren. Das ist eine mögliche, aber nicht die beste Methode. Wir raten davon ab, weil Sie bei einigen E-Mail-Clients später nicht mehr sehen können, welche Nachricht Sie wirklich noch nicht gelesen haben und welche Sie nur zur Erinnerung als ungelesen markiert haben. Dadurch klicken Sie immer wieder bereits gelesene E-Mails an und verstoßen damit gegen den Grundsatz »E-Mails nicht öfter als unbedingt nötig in die Hand nehmen!«. Nutzen Sie für die Markierung der offenen E-Mails deshalb besser die Funktion »Kategorie zuweisen«.[34] Sie ist praktisch in allen leistungsfähigen E-Mail-Programmen enthalten. Definieren Sie eine Kategorie namens »Noch offen«. Sie können auch wesentlich differenzierter sein und mehrere Kategorien wie »Warten auf Antwort«, »Zu erledigen«, »Zu lesen« etc. definieren. Weisen Sie der E-Mail eine oder mehrere Kategorien zu. Anschließend verschieben Sie sie aus dem Posteingang.

Grundsätzlich gibt es dafür zwei verschiedene Möglichkeiten:

1. Ablage in einem speziellen Ordner, der alle offenen Vorgänge enthält (»Offene Vorgänge«)

Sie legen einen neuen Ordner an und nennen diesen »Offene Vorgänge«. Dieser Ordner enthält alle E-Mails, die bislang als unerledigt im Posteingang verblieben sind. Der Vorteil dieser Vorgehensweise besteht darin, dass es nunmehr einen einzigen Ort gibt, an dem Sie alle unerledigten E-Mails finden. Ein

Blick in diesen Ordner zeigt Ihnen, wie viel noch unerledigt ist. Der Nachteil der Methode liegt darin, dass die E-Mails nicht alle dort liegen, wo man die komplette Dokumentation eines Vorgangs erwartet. Im Ordner »Kunde X« liegen also nur die erledigten Vorgänge des Kunden – nicht die bislang unerledigten. Ein weiterer Nachteil besteht darin, dass man die E-Mail nach ihrer Erledigung (sofern sie aufbewahrungswürdig ist) in jenen Ordner ziehen muss, in dem sie endgültig verbleiben soll. Außerdem muss nach der Erledigung natürlich die Markierung entfernt werden, die die E-Mails als »noch offen« identifiziert hat.[35]

2. Ablage im endgültigen Ablageordner

Bei dieser Vorgehensweise verschieben Sie die noch nicht vollständig bearbeitete E-Mail in jenen Ordner, in den Sie die E-Mail auch verschieben würden, wenn sie bereits vollständig bearbeitet wäre und zudem als aufbewahrungswürdig klassifiziert werden würde. Der Vorteil dieser Vorgehensweise liegt darin, dass jeder Ordner wirklich die gesamte Dokumentation eines Vorgangs enthält – die erledigten und die unerledigten E-Mails. Sie ersparen sich damit häufig die Suche nach einer bestimmten E-Mail. Außerdem brauchen Sie die E-Mail nach ihrer Erledigung nicht mehr zu verschieben. Es reicht, einfach die Kategorie zu entfernen. Der Nachteil ist, dass Sie in jedem Ordner nunmehr sowohl aufbewahrungswürdige als auch (potenziell) nicht aufbewahrungswürdige E-Mails verwalten. Außerdem müssen Sie an einer anderen Stelle (z. B. in Ihrer Aufgabenliste) die Information vorhalten, welche E-Mails noch offen sind. Die Gefahr, dass eine wichtige unbearbeitete E-Mail in Vergessenheit gerät, ist recht groß.

Es gibt zwei weitere Möglichkeiten, die wesentlich leistungsfähiger sind, aber nicht von allen E-Mail-Programmen unterstützt werden:

3. Arbeiten mit Kopien

Diese Vorgehensweise ist nur möglich, wenn Ihr E-Mail-Client Kopien von E-Mails anfertigen kann. In diesem Fall ziehen Sie die noch zu bearbeitende E-Mail in den Ordner »Offene Vorgänge«. Sofern Sie sie zudem als aufbewahrungswürdig betrachten, kopieren Sie sie anschließend zusätzlich in jenen Ablageordner, in dem der gesamte Vorgang dokumentiert werden soll. Die Kopie in der Endablage bekommt keine Kategorien zugewiesen. Damit können Sie die Vorteile beider Verfahren genießen: Es gibt einen Ordner, in dem alle offenen E-Mails versammelt sind. Gleichzeitig ist Ihre Ablage jederzeit komplett (z. B. der Projektordner). Nach Erledigung der E-Mail können Sie sie im Ordner »Offene Vorgänge« bedenkenlos löschen: Es befindet sich ja bereits eine Kopie in der Ablage. Der Nachteil dieser Lösung besteht darin, dass Sie mit Kopien arbeiten. Wer sich nicht sehr diszipliniert an den Ablauf hält, vergisst allzu leicht, eine Kopie zu machen, weshalb wichtige E-Mails verloren gehen können. Ein weiterer Nachteil: Wenn Sie eine E-Mail beantworten, wird nicht auch die Kopie als »beantwortet« markiert. Diese Information geht also bei der Kopie verloren.

4. Nutzung von Suchordnern

Diese Option steht Ihnen dann zur Verfügung, wenn Ihr E-Mail-Client sogenannte »Suchordner«[36] unterstützt und diese Ordner zudem noch dynamisch sind. In diesem Fall gehen Sie wie in Option 2 vor: Sie verschieben die mit Kategorien versehene E-Mail sofort in den endgültigen Ablageordner. Parallel zum regulären Ablagesystem haben Sie einen Suchordner »Offene Vorgänge« angelegt. Abgesehen von dem kleinen Symbolbildchen sieht ein solcher Suchordner aus wie jeder andere Ordner. Der große Unterschied besteht darin, dass die im Suchordner angezeigten E-Mails nicht in diesem Ordner liegen, sondern sich in Wirklichkeit in anderen Ordnern befinden. Suchordner dienen nicht zum Speichern von Daten, sondern nur zum Anzeigen von E-Mails, die alle ein bestimmtes Kriterium erfüllen. Im Suchordner »Offene Vorgänge« werden alle E-Mails angezeigt, die im Ordnersystem liegen und mit der Kategorie »offen« markiert wurden. Damit genießen Sie die Vorteile, die auch für das Ar-

75

beiten mit Kopien gelten: Sie haben sowohl eine komplette Ablage als auch einen Ordner, der Ihnen einen Überblick über alle offenen Vorgänge verschafft. Darüber hinaus können Sie nicht vergessen, Kopien anzufertigen, da es sich bei den E-Mails in den Suchordnern nicht um Kopien handelt, sondern lediglich um eine andere Sicht auf die E-Mails in anderen Ordnern.

Wenn Sie mit Suchordnern arbeiten, entscheiden Sie sich erst nach der Bearbeitung, ob Sie eine E-Mail aufbewahren möchten. Falls ja, so entfernen Sie im Suchordner lediglich die Kategorie »offen« bei der E-Mail, worauf sie aus diesem Ordner verschwindet (weil sie jetzt ja nicht mehr dem Kriterium für diesen Ordner entspricht). Sie verbleibt aber im Ablageordner. Sofern Sie die E-Mail nicht aufbewahren möchten, löschen Sie sie im Suchordner. Da der Suchordner nur eine andere Sicht auf Ihr Ablagesystem bietet, wird die E-Mail am eigentlichen Ablageort gelöscht und verschwindet damit sowohl vom Ablageort als auch aus dem Suchordner.

Welche der vier Methoden Sie für sich wählen, hängt – abgesehen von den Möglichkeiten, die Ihnen Ihr E-Mail-Client überhaupt zur Verfügung stellt – von Ihren persönlichen Präferenzen ab. Wichtig ist, dass Sie die einmal gewählte Methode konsequent anwenden. Sofern in Ihrem Unternehmen eine bestimmte Methode präferiert wird, sollten Sie sich für diese entscheiden. Sie können dadurch während Abwesenheitszeiten viel einfacher vertreten werden.

Das Problem mit Zwischenablagen

Zwischenablagen – wie die geschilderte Methode 1 – entpuppen sich als potenzielle E-Mail-Gräber. Während eine Zwischenablage »Offene Aufgaben« bei den meisten Menschen funktioniert, häufen andere Zwischenablagen immer mehr E-Mails an. In diese Klasse gehören Zwischenablagen wie »Lesen« (E-Mails, die man – wenn es zeitlich einmal besser passt – lesen will) und »Ablegen« (E-Mails, die man – bei Gelegenheit – ablegen möchte). In der Praxis kommt für diese Tätigkeiten einfach nie der richtige Zeitpunkt. Wenn Sie feststellen, dass sich E-Mails in solchen Zwischenablagen zu unermesslichen Nachrichtenbergen häufen, sollten Sie aufhören, sich selbst zu belügen. Es nützt nichts, sich Dinge vorzunehmen, die man nicht erfüllen kann. Lösen Sie

diese Ordner radikal auf. Löschen Sie Informationsmails, wenn Sie nicht innerhalb eines Tages zum Lesen kommen. Und legen Sie aufbewahrungswerte E-
Mails sofort ab.

Die oben beschriebenen Methoden halten Ihren Posteingang frei und geben
Ihnen einen Überblick über die noch offenen Aktionen. Sie sagen Ihnen, was
noch zu erledigen ist. Sie sagen Ihnen aber nicht, wann Sie dies tun sollen/
möchten. Das ist in der Praxis für die meisten von uns aber elementar wichtig. Die Agenda für eine Besprechung wollen Sie wahrscheinlich genau am Tag
vor der Besprechung lesen. Auf eine bestimmte Antwort wollen Sie maximal
bis nächsten Freitag warten. Und für eine bestimmte Auswertung möchten Sie
sich genau am Mittwochnachmittag Zeit nehmen. Hierfür benötigen Sie wiederum andere Methoden.

Für die zeitliche Planung stehen ebenfalls unterschiedliche Verfahren zur
Verfügung. Nicht jedes Verfahren arbeitet bei jeder der obigen vier Methoden
gleich gut, und einige Planungsverfahren können sogar die eine oder andere
Methode zu einem gewissen Maße ersetzen.

Eine Methode, die sich bei relativ geringem E-Mail-Volumen anbietet, besteht
im **Anpassen der Betreffzeile** der Eingangs- und Ausgangs-E-Mails.[37] Das ge-
plante Bearbeitungsdatum wird vor den ursprünglichen Betrefftext gestellt.
Anschließend können die E-Mails im Ordner »Offene Vorgänge« per Mausklick
nach ihrem geplanten Bearbeitungstermin sortiert werden. Denken Sie bei
dieser Methode daran, dass für eine sinnvolle Sortierung das Datum umge-
kehrt eingegeben werden muss (Jahr.Monat.Tag). Dieses »verkehrte« Datum
führt immer wieder zu Verwirrung, da wir dieses Format nicht gewöhnt sind.
Bei einstelligem Datum darf ferner die führende Null nicht vergessen werden.

Betreff	von	Datum
2008.02.02 Agenda Budget-Meeting am 3. Februar	W. Mier	25.01.2008
2008.02.05 Bitte um Ausarbeitung eines Angebots	G. Seller	18.01.2008
2008.02.06 Exportbedingungen nach Japan klären	G. Weick	17.01.2008

Personen, die daran gewöhnt sind, mit traditionellen **Wiedervorlagemappen**
zu arbeiten, finden es häufig am einfachsten, diese Methode auch bei E-Mail zu

77

nutzen. Haben Sie mehr Papierkommunikation als E-Mails, ist es auch absolut keine Schande, die E-Mails auszudrucken und in die Wiedervorlagemappen einzuordnen. Viele Sekretärinnen übertragen das Prinzip der Wiedervorlagemappen aber auch auf ihr E-Mail-System. Sie machen den Ordner »Offene Vorgänge« zu einer vollständigen elektronischen Wiedervorlagemappe. Dazu legen sie den Unterordner »Monate« an und darin wieder 12 Ordner (von »01 Januar« bis »12 Dezember«[38]). Ein zweiter Unterordner heißt »Tage«[39] und enthält für jeden Monatstag einen Ordner. Diese sind von »01« bis »31« durchnummeriert. Der Vorgang wird dann in den Ordner gezogen, der dem Erledigungsdatum entspricht. Sofern der Vorgang im aktuellen Monat erledigt werden soll, zieht man ihn sofort in den Tagesordner mit dem entsprechenden Datum. Soll er in einem anderen Monat erledigt werden, zieht man ihn in dessen Ordner.

Die Verwendung elektronischer Wiedervorlagemappen erfordert (wie die bisherigen Wiedervorlagemappen) aber sehr viel Disziplin. Jeder Ordner muss am Tagesbeginn durchgesehen werden. Und am Anfang eines Monats muss der gesamte Inhalt des aktuellen Monatsordners auf die einzelnen Tagesordner verteilt werden. Wenn die Ordner nur Originale enthalten (Methode 1), ist es zudem teilweise recht mühevoll, eine bestimmte E-Mail zu finden.

Manche Anwender benutzen auch ihre **Aufgabenliste** zur Terminplanung. Sie schreiben einfach auf, welche E-Mail wann erledigt werden soll. Je nach E-Mail-Affinität und Fähigkeit des E-Mail-Clients wird für die Aufgabenliste ein Blatt Papier, eine editierbare Datei oder die integrierte Funktion im E-Mail-System verwendet. Nicht fehlen darf der Hinweis, wo die E-Mail zu finden ist.

Die wohl beste Methode besteht darin, die Arbeit an den noch offenen E-Mails in einem **Kalender** einzuplanen. Dies kann ein Papierkalender sein, in dem wir notieren, wann wir was erledigen möchten. Die meisten im Geschäftsleben eingesetzten E-Mail-Systeme verfügen allerdings über einen integrierten elektronischen Kalender. Mit wenigen Mausklicks lässt sich eine offene E-Mail (oder ein Link auf die E-Mail) auf ein bestimmtes Datum legen. Sofern Sie diese Möglichkeit bislang noch nicht genutzt haben, legen wir sie Ihnen sehr ans Herz.

Auch bei den Wiedervorlagesystemen gilt: Es ist gar nicht so wichtig, welche Methode Sie nutzen. Solange Sie sich mit der von Ihnen gewählten Methode wohlfühlen und sie konsequent einsetzen, werden Sie Ihre Erfolge erzielen.

17. Richtig ablegen – Nadeln stapeln statt Heu aufhäufen

Wir haben im vorigen Kapitel gefordert, dass wichtige E-Mails abgelegt werden sollten, wir haben aber weder gesagt, was wichtige E-Mails sind, noch beschrieben, wie sie abgelegt werden sollten. Dies wollen wir nun nachholen.

Lassen Sie uns zunächst einmal darüber reden, weshalb Sie nur die wichtigsten E-Mails archivieren sollten. Es ist ein einfaches Mengenproblem. Sofern Sie täglich ca. 25 E-Mails erhalten und in etwa ebenso viele E-Mails schreiben, addieren sich die von Ihnen gehandhabten E-Mails pro Jahr auf über 10.000. Erhalten und schreiben Sie mehr E-Mails, erhöht sich die Menge entsprechend. In dieser Masse können Sie sich schnell verlaufen. Wir reden hier nicht von dem explodierenden Speicherbedarf, der den Unternehmen Sorgen bereitet. Dies kann Sie kaltlassen (solange das Unternehmen deshalb nicht die Postfachgröße beschränkt). Wir sprechen davon, dass Sie beim Suchen von E-Mails später viel zu viel Zeit verlieren. Im Bedarfsfall finden Sie eine gesuchte E-Mail unter 5.000 E-Mails viel schneller als unter 100.000. Es ist also besser, 5.000 aussagekräftige E-Mails in der E-Mail-Ablage zu haben als 100.000 E-Mails mit teilweise niedrigem Informationsgehalt.

Die Qualität Ihrer Ablage hängt davon ab, was Sie in diese einstellen. Achten Sie beim Ablegen deshalb immer auf Qualität. Löschen Sie rigoros alle unwichtigen E-Mails. Verschieben Sie weder das Ablegen noch das Löschen auf später. Tun Sie dies sofort, wenn die E-Mail abgearbeitet ist.

Es gibt nur relativ wenige E-Mails, die Sie laut Gesetz aufbewahren müssen. Das sind alle E-Mails, die mit den Finanzen und mit getätigten Geschäften des Unternehmens zu tun haben (Angebote, Absprachen etc.). E-Mails zu geplanten Geschäften, die letztendlich aber nicht zustande gekommen sind, brauchen nicht aufbewahrt zu werden.

Die restlichen E-Mails brauchen wir von Gesetzes wegen nicht aufzuheben. Allerdings stecken in unseren alten E-Mails oft derart viele Informationen, dass wir es uns gar nicht leisten können, sie alle einfach zu löschen. Bewahren Sie deshalb alle E-Mails auf, die Informationen enthalten, die Sie nicht (oder nicht wirtschaftlich) in andere Systeme einpflegen können. Wichtig sind vor allem alle per E-Mail getroffenen Vereinbarungen.

Über die richtige Gestaltung des Ablagesystems lässt sich trefflich streiten. Eine Schule besagt, dass man überhaupt keine Unterordner benötige. Ein einziger Ordner (»E-Mails«) sei vollkommen ausreichend. Über Such- und Sortierwerkzeuge sowie mit Organisationskonzepten wie Suchordnern könnten bei Bedarf die gewünschten E-Mails einfach aus dem riesigen E-Mail-Meer herausgefischt werden. E-Mail-Systeme wie Gmail von Google gehen genau diesen Weg.[40] Aus unserer Beratungspraxis kennen wir Personen, bei denen diese Organisation funktioniert. Sofern Sie zu jenen Menschen gehören, die selten etwas geordnet ablegen können, kann dies der richtige Weg sein. Sie sollten ihn dann aber konsequent gehen. Sie sollten sich mit den Such- und Organisationswerkzeugen Ihres E-Mail-Systems vertraut machen und E-Mails auch häufiger mit Attributen versehen als bisher.

Obwohl wir in der »Ein Ablageordner ist genug«-Organisation durchaus eine mögliche Ablagestruktur sehen, favorisieren wir für die Mehrheit der E-Mail-Anwender nach wie vor eine Strukturierung der E-Mails in einem hierarchischen Ordnersystem. Diese Systematik ist uns Büromenschen so vertraut, dass wir uns darin schnell orientieren können. Auch unsere Urlaubs- und Krankheitsvertreter haben es mit einer solchen Ordnerstruktur einfacher. Die »Ein Ablageordner ist genug«-Organisation erfordert nämlich ziemlich viel Wissen, was genau man sucht. Das fällt einem Dritten viel schwerer als demjenigen, dem das Archiv gehört. Außerdem: Wehe, Sie müssen einmal das E-Mail-Programm wechseln und das neue unterstützt nicht die gleichen Suchfunktionen wie das alte! Ein hierarchisches Ordnersystem verlangt zwar mehr Aufwand bei der Ablage, doch dieser ist für ausgewählte, wichtige E-Mails gerechtfertigt.

Nutzen Sie die Möglichkeit Ihres E-Mail-Systems, Ordner und Unterordner anzulegen. Legen Sie dabei allerdings nicht zu viele Ordner an. Das wird schnell unübersichtlich. Tiefer als drei Ebenen sollten Sie nie staffeln. Der Übersichtlichkeit halber empfiehlt es sich, auf der ersten Ebene weniger als zehn Ordner zu haben. Mike Song, Vicki Halsey und Tim Burress erachten vier Ordner (»Interne und externe Kunden«, »Produkt/Output«, »Eigenes Team« und »Organisation/Verwaltung«) auf der ersten Ebene als für jeden Anwender ideal und vollkommen ausreichend.[41] Die Kategorien sollten überschneidungsfrei sein und möglichst der konventionellen Ablagesystematik Ihrer Papier- und Dateiablage folgen. So fällt es Ihnen am leichtesten, Dokumente und E-Mails, die zueinander gehören, aber an unterschiedlichen Orten abgelegt sind, schnell zu finden. Richten Sie neue Ordner sehr überlegt ein. Wer ständig neue Ordner anlegt, hat später einen Wust von Ordnern, in denen sich jeweils nur wenige E-Mails befinden. Berücksichtigen Sie beim Zuschnitt der Ordner, dass sich bestimmte Ordner über Suchordner abbilden lassen. Wenn Sie z. B. im Zweifel sind, ob Sie Ihre Ablage nach Produkt oder nach Kunden aufbauen sollen, spricht einiges dafür, die Struktur nach Produkt zu wählen. Die Sortierung nach Kunden können Sie nämlich über einen Suchordner erhalten, der alle E-Mails enthält, die einen Empfänger oder einen Absender mit der E-Mail-Domain des Kunden haben. Denken Sie bei Suchordnern aber bitte daran, dass es sich bei den angezeigten E-Mails nicht um Kopien handelt. Wenn Sie eine E-Mail im Suchordner löschen, verschwindet sie auch am eigentlichen Ablageort.

Das Ablegen von Dokumenten war schon immer eine Tätigkeit, vor der sich viele Büroangestellte gedrückt haben. Bei E-Mail ist das nicht anders. Allerdings können Sie sich bei E-Mail vom Programm helfen lassen. Über Regeln bzw. Filter können Sie sich beispielsweise alle eingehenden E-Mails, die einen bestimmten Domainnamen (z. B. ...@mueller-ag.eu) als Absender haben, direkt in den entsprechenden Ordner weiterleiten lassen. Dies ist eine sehr effiziente Möglichkeit, setzt aber voraus, dass Sie Ihre E-Mails und Ihre Ordner sehr zuverlässig managen. Nach jedem Durcharbeiten des Posteingangs dürfen in keinem einzigen Ordner mehr ungelesene E-Mails angezeigt werden.

Die von einigen E-Mail-Clients gebotene Möglichkeit, einzelne E-Mails direkt ins normale Dateisystem abzulegen, erscheint zunächst bestechend, da dann wirklich alle zusammengehörenden Dateien an einem Ort gespeichert sind. Unserer Erfahrung nach wird das aber in der Praxis kaum eingesetzt, und wir empfehlen es Ihnen auch nicht, da es keine Produktivitätsgewinne bringt.

Anders ist es, wenn Ihr Unternehmen über ein Dokumentenmanagement-System verfügt, das auch die Ablage von E-Mails ermöglicht. In diesem Fall brauchen Sie erst gar nicht zu versuchen, im E-Mail-System eine optimale Ablage zu definieren. Nutzen Sie das Dokumentenmanagement-System zur Archivierung der wichtigsten E-Mails.

Noch ein Wort zu den abzulegenden E-Mails: Wir sehen immer wieder, dass die eingehenden E-Mails sehr gut verwaltet werden. Dagegen wird der eigene Postausgang meist wenig gepflegt. Dabei ist dieser oft sogar wichtiger als der Posteingang. Wenn Sie nachweisen wollen, dass Sie auf einen bestimmten Sachverhalt hingewiesen haben, müssen Sie diese E-Mail später wiederfinden können. Legen Sie deshalb auch Ihre ausgehenden E-Mails ab – idealerweise mindestens einmal pro Tag. Und löschen Sie täglich all jene E-Mails, die nicht aufbewahrungswürdig sind. Das sind in der Regel die meisten.

18. Informationen mit Verfallsdatum richtig handhaben

Es fällt vielen Menschen schwer, sich zwischen den Alternativen »E-Mail aufbewahren« und »E-Mail löschen« zu entscheiden. Während die Entscheidung fürs Löschen bei reinen Spam-Mails kein Problem ist, nagen bei geschäftlichen E-Mails sehr oft Zweifel. Brauche ich diese E-Mail wirklich nicht mehr? Was, wenn der Sender behauptet, ich hätte das nie geschrieben? Was, wenn ich meinen in der E-Mail skizzierten Vorschlag doch noch einmal für eine ähnliche Situation brauchen sollte? Was, wenn ich doch noch einmal in der E-Mail nachsehen möchte? Im Endeffekt entscheiden sich diese Menschen in diesen Situationen letztendlich immer dafür, die E-Mail nicht zu löschen, sondern sie aufzubewahren – oft sogar im Posteingang. Das Resultat sind unübersichtliche Ablageordner, viel zu viele Ergebnisse bei Suchvorgängen und unbewusster Stress, der durch die Unordnung entsteht.

Falls Sie zu jenen Menschen gehören, denen das rigorose Löschen schwerfällt (und die meisten von uns gehören dazu), so gibt es eine ideale Lösung für Sie: sogenannte »Warteordner« oder »Quartalsordner«. Beide Ordnerarten helfen Ihnen, sich rigoros von E-Mails zu trennen und sie doch gleichzeitig zu behalten.

Warte- und Quartalsordner fügen der binären Entscheidung »Löschen?/ Nicht Löschen?« eine dritte Option hinzu. Diese beruht auf der Frage: »Bis wann brauche ich diese an sich uninteressante E-Mail allerhöchstens?« Bei den meisten der unsicheren E-Mails fällt uns die Entscheidung nämlich deshalb so schwer, weil wir die E-Mail im Prinzip als löschbar betrachten. Nur JETZT wollen wir sie noch nicht löschen. Bei Warte- und Quartalsordnern entscheiden wir uns (wie bislang auch) dafür, die strittigen E-Mails JETZT NICHT zu löschen. Allerdings treffen wir gleichzeitig eine sehr arbeitssparende und qualitätserhöhende weitere Entscheidung: Wir entscheiden sofort, WANN wir die E-Mail spätestens als unwichtig löschen können. Wir treffen die Entscheidung schon JETZT, weil es uns DANN viel zu viel Aufwand kosten würde, die E-Mail nochmals zu lesen und uns in den Zusammenhang hineinzudenken (weshalb wir es heute ja praktisch nie tun). Die als nur temporär interessant eingestuften E-Mails legen wir in spezielle Ordner ab, die wir genau für diesen Zweck anlegen.

Bei den **Warteordnern** legen Sie Ordner an, die mit »03 Monate«, »06 Monate« und »12 Monate« betitelt sind. Wenn Sie eine E-Mail empfangen oder senden, die es nicht wert ist, permanent aufbewahrt zu wer-

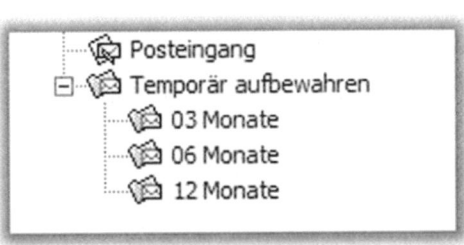

den, die aber doch innerhalb der nächsten 3 Monate eventuell noch einmal benötigt werden könnte, ziehen Sie sie in den Ordner »03 Monate«. Dies geschieht beispielsweise mit dem aktuellen Wochenspeiseplan der Firmenkantine. Wenn Sie dagegen denken, dass die E-Mail 6 bzw. 12 Monate aktuell sein könnte, ziehen Sie sie in den 6- bzw. 12-Monate-Ordner. So sind die E-Mails bei Bedarf jederzeit verfügbar. Einmal pro Quartal gehen Sie in jeden Ordner, lassen die E-Mails nach dem Datum sortieren und löschen dann einfach alle E-Mails, die älter sind als die im Ordnertitel festgelegte Aufbewahrungsfrist. Sie markieren mit »von ... bis ...« Hunderte E-Mails und löschen diese mit einem einzigen Knopfdruck – und dies ohne jede weitere Kontrolle. Sie können dies tun, weil Sie bereits vorher entschieden haben, dass dies nach Ablauf der maximalen Aufbewahrungszeit problemlos möglich ist.

Die **Quartalsordner** bieten eine ähnliche Lösung, bei der das Löschen sogar noch schneller geht. Bei den Quartalsordnern legen Sie die Ordner »Quartal 1«, »Quartal 2«, »Quartal 3« und

»Quartal 4« an. Sie schieben jede (temporär wichtige) Nachricht in das Quartal, bis zu dem sie maximal aufbewahrt werden soll. Eine E-Mail, die beispielsweise spätestens am Ende des ersten Quartals obsolet wird, landet im Ordner

85

»Quartal 1«. Eine E-Mail, die maximal bis zum Ende des 4. Quartals des Jahres aufbewahrt werden soll, wird in den Ordner »Quartal 4« verschoben. Am Quartalsende löschen Sie dann den gesamten Inhalt des soeben vergangenen Quartals ungesehen.

Der Quartalsordner verlangt eine höhere Disziplin als der Warteordner. Während es beim Warteordner keine Rolle spielt, wann man die veralteten E-Mails löscht, muss dies bei den Quartalsordnern immer pünktlich zum Quartalsende erfolgen. Vergisst man das Löschen beispielsweise nach dem ersten Quartal des Jahres, weiß man später nicht mehr ohne Weiteres, welche E-Mails im Ordner »Quartal 1« bereits veraltet sind und welche man bereits für das 1. Quartal des nächsten Jahres zum Löschen vorgemerkt hat.

Sowohl Warte- als auch Quartalsordner können auch über entsprechende Kategorien und Suchordner nachgebildet werden. Einige E-Mail-Clients ermöglichen Ihnen zudem, jede einzelne E-Mail mit einem individuellen »**Verfallsdatum**« zu versehen. Die E-Mails werden beim Erreichen des Verfallsdatums aber nicht automatisch gelöscht. Sie müssen diese zum Löschen markierten E-Mails suchen, nach dem Verfallsdatum sortieren und anschließend jene löschen, die veraltet sind. Eine ähnliche – jedoch etwas weniger elegante – Möglichkeit besteht darin, dem Betreffzeilentext das Löschdatum voranzustellen und später nach diesen E-Mails für das Löschen zu suchen (z. B: »L2008.09.30 xxxx).

Die beiden Verfahren haben den Vorteil, dass die E-Mails bis zu ihrem Löschen ganz normal in den Ordnern abgelegt werden können, in die sie thematisch gehören. Gegenüber den Warte- und Quartalsordnern erfordern sie aber einen größeren manuellen Aufwand, weshalb sich die meisten unserer Schulungsteilnehmer entweder für eine Warte- oder eine Quartalsordnerlösung entscheiden.

19. Weiterleiten & Antworten

»Weiterleiten« und »Antworten« sind die zwei am meisten genutzten automatischen Funktionen von E-Mail-Systemen. Die Funktionen werden deshalb als »automatisch« bezeichnet, weil sie eine Reihe von Bearbeitungsschritten automatisieren.

Beim Anklicken der »Weiterleiten«-Funktion passieren in der Regel sechs automatische Schritte:

1. eine neue E-Mail wird aufgemacht
2. der ursprüngliche E-Mail-Text wird in die neue E-Mail kopiert
3. Headerinformationen aus der ursprünglichen E-Mail werden dem neuen E-Mail-Text vorangestellt (z. B. Absender, Datum, Verteiler etc.)
4. die ursprüngliche Betreffzeile wird für die neue E-Mail übernommen
5. die neue E-Mail wird in der Betreffzeile mittels Kürzel als Weiterleitung markiert[42]
6. alle Anhänge der Eingangs-E-Mail werden an die neue E-Mail angehängt

Die »Antworten«-Funktion enthält sogar sieben automatisierte Schritte:

1. eine neue E-Mail wird aufgemacht
2. der ursprüngliche E-Mail-Text wird in die neue E-Mail kopiert
3. der Text wird als übernommen markiert[43]
4. Headerinformationen aus der ursprünglichen E-Mail werden dem neuen E-Mail-Text vorangestellt (z. B. Absender, Datum, Verteiler etc.)
5. die ursprüngliche Betreffzeile wird für die neue E-Mail übernommen
6. die neue E-Mail wird mittels Kürzel im Betreff als Antwort markiert[44]
7. der Verteiler wird automatisch aus der alten E-Mail generiert[45]

Die Arbeit für den Absender ist minimal.

»Weiterleiten« und »Antworten« sind derart simpel zu handhaben und auch derart nützlich, dass es praktisch keinen einzigen E-Mail-Anwender gibt, der diese automatischen Funktionen nicht täglich mehrfach nutzt. Meistens geschieht nicht nur der Ablauf, sondern auch die Anwendung dieser Funktionen automatisch. Ohne viel zu überlegen, klicken wir automatisch auf »Weiterleiten« oder »Antworten«. Es gibt einfach keine bequemere Möglichkeit, sich die E-Mail ohne viel Aufwand vom Schreibtisch zu schaffen. Aber genau da liegt die große Gefahr für uns: Wir generieren, ohne richtig nachzudenken, neue E-Mails, die gemäß dem Gesetz »Wer E-Mails sät, wird E-Mails ernten« wiederum neue E-Mails für uns selbst generieren. Deshalb gilt der Grundsatz, diese Funktionen nur dann zu nutzen, wenn sie wirklich notwendig sind.

Merke:
»Weiterleiten« und »Antworten« sehr überlegt einsetzen!

Im Prinzip wäre es eine gute Idee, auf die beiden automatischen Funktionen vollkommen zu verzichten und beim Weiterleiten oder Antworten stattdessen jeweils die oben beschriebenen Schritte manuell auszuführen. Der große Aufwand würde ganz von alleine sicherstellen, dass wir nur notwendige Antworten und Weiterleitungen vornehmen. Doch das ist natürlich illusorisch. Deshalb helfen uns bei den automatischen Funktionen alleine die Stockwerksfrage,[46] Ehrlichkeit uns selbst gegenüber und der feste Entschluss, uns nicht selbst überflüssige Arbeit zu generieren.

Worauf Sie beim **Weiterleiten** achten sollten:
Der Kardinalfehler beim Weiterleiten ist also der, dass viel zu viele E-Mails weiterverschickt werden. Der zweite große Fehler ist, dass immer wieder E-Mails weitergeleitet werden, an deren Ende noch die Texte aus den vorangegangenen Konversationen hängen. Fast jeder hat schon einmal erlebt, dass in diesen Vorgänger-E-Mails Sachverhalte enthielten, die für ihn nie gedacht waren. Wir haben auf diese Weise schon recht interessante Einblicke erhalten, die uns der Schreiber selbst nie gewähren wollte. Im besten Fall freut sich ein Empfänger still über Ihre Unachtsamkeit. Im schlechtesten Fall haben Sie einen lautstarken Streit mit vielen unnötigen E-Mails provoziert. Prüfen Sie deshalb vor dem Weiterleiten immer, ob die aktuelle E-Mail Texte enthält, die für den neuen Empfänger nicht geeignet sind, z. B. wegen vertraulicher Inhalte. Falls ja: Löschen Sie diese vor der Weiterleitung.

Sofern die weitergeleitete E-Mail Texte enthält, die für den neuen Empfänger zwar nicht vertraulich, aber doch irrelevant sind, kann der Text gestrafft werden, indem alle irrelevanten Bestandteile entfernt werden. Sie können ferner den Text noch weiter straffen, indem Sie z. B. unnötig lange Sätze verkürzen. Allerdings müssen Sie bei jeder Änderung eines bestehenden Textes äußerst sensibel vorgehen. Schließlich handelt es sich um das Werk eines Dritten – und viele Mitmenschen sind sehr dünnhäutig, wenn man ihre Texte manipuliert. Zeigen Sie deshalb immer durch Auslassungszeichen »(...)« an, an welchen Stellen Sie gestrafft oder gelöscht haben. Stellen Sie sicher, dass weder die Aussage noch der Ton eine Änderung erfahren.

Überlegen Sie grundsätzlich auch, ob der Empfänger alle Anhänge der Originalmail erhalten soll, und entfernen Sie entweder die unnötigen Anhänge oder schreiben Sie eine neue E-Mail, die nur den relevanten Anhang enthält.

Sofern Gefahr besteht, dass der ursprüngliche Sender Vorbehalte gegen die Weiterleitung hat, müssen Sie dessen Einverständnis einholen. Vertrauensmissbrauch gilt auch bei E-Mail als unverzeihlich.

Es ist deshalb prinzipiell eine gute Idee, den Sender der ursprünglichen E-Mail über die Weiterleitung zu informieren – entweder per separater E-Mail oder per »Cc«-Kopie. Eine »Cc«-Kopie hat einen großen Vorteil: Sie signalisiert dem Empfänger, dass die Weiterleitung nicht hinter dem Rücken des ursprünglichen Erstellers geschieht. Auf diese Weise limitieren Sie belastende Missverständnisse und Irritationen.

Da die meisten E-Mail-Clients beim Weiterleiten auch den Verteiler der Ursprungs-E-Mail in den Text kopieren, erhält der Empfänger mit der Weiterleitung auch Einblicke in den ursprünglichen Verteiler. Auch das führt oft zu neuen Irritationen. »Wenn sogar DER im Verteiler stand«, denkt der Empfänger, »weshalb hat man dann ausgerechnet mich nicht mit aufgenommen?« Am einfachsten umgehen Sie solche Irritationen, indem Sie den Verteiler löschen.

Obwohl die Betreffzeile einer weitergeleiteten E-Mail durch ein Kürzel bereits als Weiterleitung gekennzeichnet ist, können Sie dem Empfänger durch eine kleine Anpassung der Betreffzeile sehr helfen. Die Aufnahme von Namen und Datum des ursprünglichen Absenders ist sehr hilfreich. Zum Beispiel so:

Original-Betreffzeile: »Überlegungen zum Budget 2008«

Weiterleitung:
Standard: »Fw: Überlegungen zum Budget 2008«
Besser: »Fw: Iris Maurers E-Mail v. 2.3.: Überlegungen zum Budget 2008«

Sie sollten niemals eine E-Mail kommentarlos weiterleiten. Der Empfänger muss sonst erraten, weshalb Sie ihm die Nachricht weitergeleitet haben. In den ersten Zeilen sollten Sie deshalb unbedingt schreiben, von wem die ursprüngliche E-Mail stammt, weshalb sie von Ihnen weitergeleitet wird und bis wann Sie was vom Empfänger erwarten.

Auch bei der »**Antworten**«-Funktion besteht die hauptsächliche Tücke darin, dass viel zu viele Antworten in E-Mail-Form geschrieben werden. Weil man sich im Medium E-Mail befindet und die Antwort in E-Mail so einfach ist, wird automatisch E-Mail als Antwort-Medium gewählt. Dabei würde eine andere Form der Kommunikation oft den Prozess verkürzen. Beispielsweise das Telefon. Es gibt zwar Vertreter der Meinung, dass man immer im gleichen Medium antworten (also einen Telefonanruf per Telefon und eine E-Mail per E-Mail beantworten) sollte, doch wir unterstützen diese Meinung nicht. Es war die Entscheidung des Senders, E-Mail für diesen Vorgang als das für ihn beste Medium zu wählen – und es ist Ihre Entscheidung, welches Medium Sie für Ihre Antwort am besten halten. Schließlich sind Sie der Boss! Und keiner soll Ihnen vorschreiben, ob und wie Sie zu reagieren haben!

Jede Antwort, auf die Sie verzichten, spart Ihnen (und dem geplanten Empfänger) wertvolle Arbeitszeit, viele Rückfragen, Ärger etc. Dies gilt vor allem für die Funktion »Allen antworten«, bei der unter Umständen viele Antwort-E-Mails generiert werden.

Der nächstgrößere, sehr häufig vorkommende Fehler ist der, dass eine alte E-Mail dazu genutzt wird, um per »Antworten« die E-Mail-Adressen für eine neue E-Mail zu übernehmen, die mit dem ursprünglichen Thema überhaupt nichts zu tun hat. Dabei werden häufig die alten Texte gar nicht oder nicht vollständig gelöscht. Oder es wird vergessen, jene Personen zu löschen, bei denen sich die Verteiler der E-Mails unterscheiden. Dadurch werden oft ungewollt vertrauliche Informationen verbreitet.

Merke:

Niemals »Antworten« nutzen,

nur um sich die Eingabe einer E-Mail-Adresse zu sparen.

Sofern Sie auf eine E-Mail, die mehrere Empfänger hat, eine Antwort geben möchten, ist es eine gute Idee, hierfür noch einige Zeit zu warten. Dann können Sie in Ihrer Antwort die Kommentare der anderen Empfänger bereits berücksichtigen. Wenn Sie Glück haben, formuliert einer der anderen die Antwort genau in Ihrem Sinne. Dann reicht ein »Ich stimme Frau Schuster in allen Punkten voll zu« vollkommen aus. Unter Umständen erspart Ihnen das mehrere Stunden Arbeit. Wenn Ihre Antwort über das »Ich stimme zu!« hinausgeht, ist es meistens sinnvoll, die Antwort nur an den Absender zu senden. Nachdem dieser entschieden hat, das Thema an so viele Leute heranzutragen, soll er auch dafür sorgen, dass jeder Einzelne im Laufe der Diskussion weiterhin entsprechend auf dem Laufenden gehalten wird.

Wenn Sie sich entschließen, trotzdem die Funktion »Allen antworten« zu nutzen, sollten Sie sofort damit beginnen, all diejenigen aus dem Verteiler zu entfernen, die an dieser Antwort voraussichtlich kein Interesse haben.[47] Das sind normalerweise alle Cc-Empfänger. Seien Sie so konsequent wie möglich: Wenn Sie grundsätzlich immer alle Cc-Empfänger löschen, kann sich kein Cc-Empfänger beschweren, dass Sie gerade ihn absichtlich aus der Kommunikation ausgeschlossen haben. Das selektive Löschen von An-Adressaten ist dagegen sehr heikel. Sensible Personen fühlen sich dabei vorsätzlich aus dem Informationsfluss ausgeklammert. Deshalb empfiehlt es sich, entweder an alle oder keinen An-Empfänger zu adressieren. Sofern Sie einen Empfänger weder persönlich noch von seiner Funktion her kennen, sollten Sie mit Ihren Antworten sehr vorsichtig sein.

Viel problematischer als das Streichen eines Empfängers ist es, inmitten eines längeren, per »Allen antworten« geführten Austausches einen zusätzlichen Empfänger in den Verteiler aufzunehmen. Tun Sie dies nie stillschweigend. Es wird von den anderen Empfängern mit Sicherheit falsch interpretiert. Und es könnte geschehen, dass jemand, der die Änderung des Verteilers nicht mitbekommen hat, Äußerungen macht, die er im Wissen um den erweiterten Verteiler so nie gemacht hätte. Wenn Sie eine neue Person in eine laufende E-Mail-Diskussion hineinziehen müssen, weisen Sie in den ersten Zeilen Ihrer E-

91

Mail darauf hin, dass es einen neuen Teilnehmer gibt und weshalb Sie glauben, dass dieser für diese Diskussion wichtig ist. Stellen Sie auf jeden Fall sicher, dass in Ihrer Antwort-E-Mail kein älterer Text enthalten ist. Es treffen hier die gleichen Überlegungen zu wie beim »Weiterleiten«.

Oft ändert sich bei längerem Austausch das Thema. Was als »Probleme bei Kunde Müller« begonnen hat, mag sich über »Mangelnde Qualifikation des Außendienstes im Bezirk Nord« hin zu »Grundlegender Designfehler in Produktlinie A« entwickeln. Bei stupider Verwendung der »Antwort«-Funktion ändert sich die Betreffzeile nie. Es wird lediglich ein neues Kürzel gesetzt. Die Betreffzeile »AW:AW:AW:AW:AW:AW:AW:AW: Probleme bei Kunde Müller« gibt den Inhalt der aktuellen E-Mail nicht mehr wieder. Das erschwert nicht nur die spätere Suche, sondern kann auch zu zwischenmenschlichen Problemen führen. Es könnte sein, dass jemand eine E-Mail mit dem unverdächtigen Titel »AW:AW:AW: Probleme bei Kunde Müller« an den technischen Dienst sendet, obwohl gerade in dieser E-Mail sehr polemisch über die Qualität des Kundendienstmanagers im Distrikt Nord lamentiert wird. Passen Sie deshalb die Betreffzeile dem sich ständig ändernden Gesprächsinhalt an.

Eng mit der Antworten-Funktion verwandt ist die Tätigkeit des Zitierens. Unter **Zitieren** (auch »Quotieren« genannt) versteht man die Bezugnahme auf den Text einer vorangegangenen E-Mail. Dieser Bezug wird hergestellt, indem der alte Text in die neue Mail kopiert wird. Die eigenen Bemerkungen und Antworten werden dann über oder unter den alten Text geschrieben.

Sofern sich die Antworten/Kommentare/Fragen gut am Stück in einem einzigen Block abhandeln lassen, platziert man diese am besten vor dem alten Text. Gibt man dagegen mehrere eher kurze Antworten auf einzelne Aussagen im alten Text, so bietet es sich an, die Antworten direkt unter die jeweilige Stelle zu schreiben. Zu Beginn der E-Mail ist auf diese Antworten hinzuweisen, sonst könnten sie vom Empfänger übersehen werden.

Es gilt als unhöflich bis dumm, den gesamten Text einer ursprünglichen E-Mail zu zitieren. Im einfachsten Fall erschwert man dem Empfänger die Arbeit oder verschwendet Papier, wenn der Drucker beim Ausdruck einer E-Mail gleich noch alle zwanzig vorangegangenen E-Mail-Konversationen mit ausdruckt. Im schwerwiegendsten Fall gibt man Dritten, die zu einem späteren Zeitpunkt in den Verteiler aufgenommen wurden, Einblick in vorangegangene

```
Sehr geehrter Herr Seller,

Danke für die schnelle Reaktion. Meine Antworten finden Sie
in der Mail.

Manfred Seller schrieb:

> 1. Um wie viele Kunden handelt es sich in etwa?
Wir gehen von ca. 500 Kunden aus.

> 2. Sind diese Kunden alle im deutschsprachigen Raum?
> Oder müssen wir auch weitere Sprachen berücksichtigen?
Im ersten Schritt sind es nur deutschsprachige (CH, D).

> 3. An welches Budget pro Key-Account haben Sie gedacht?
Maximal 150 Euro.

> 4. ... Alternativen sind ...... Uhren ...und neuerdings
> Computerspiele. ....Können Sie sich aus
> diesem Sortiment etwas vorstellen?
Uhren und Computerspiele ja. Den Rest nicht.

>
```

vertrauliche Sachverhalte, von denen sie nichts zu wissen brauchen. Löschen Sie deshalb alle Textpassagen, die älter oder unwichtig sind. Verdichten Sie komplizierte Sätze und Absätze, indem Sie irrelevante Passagen löschen. Ersetzen Sie die gelöschten Passagen durch Auslassungszeichen »(...)«. Im Gegensatz zum »Weiterleiten« brauchen Sie beim Zitieren keine Angst zu haben, dass der Ersteller ein größeres Problem mit dem Verdichten seines Textes hat. Schließlich weiß dieser, dass alle Empfänger bereits einmal seine eigene Urversion gesehen haben.

20. »An alle« – welcher Verteiler ist wann richtig?

Die Fähigkeit, praktisch beliebig viele Personen durch ein einziges Schreiben informieren zu können, ist eine der größten Stärken von E-Mail-Systemen. Zuständig dafür ist die Verteilerfunktion des E-Mail-Programms. Die Adressierung ist – verglichen mit einem Brief – ganz einfach: Ein einziges @-Wort pro Empfänger reicht. Weder Firmenname noch Straße, Postleitzahl oder Ort müssen aufwendig eingetippt werden.[48] Sofern der Empfänger dem E-Mail-System bereits bekannt ist, geht es sogar noch bequemer. Dann reicht es aus, die Anfangsbuchstaben des Empfängers einzugeben, einen Empfänger im Adressbuch anzuklicken oder eine vordefinierte Verteilerliste anzugeben. Verteiler sind derart einfach zu handhaben und derart mächtig, dass sie von jedem von uns ohne große Überlegung ständig genutzt werden.

Auf die Frage, was ein E-Mail-Verteiler genau sei, hören wir regelmäßig: »Das ist eine Auflistung jener Leute, denen ich eine E-Mail schicke.« Diese »Ich«-orientierte Definition ist zweifellos richtig, aber zu kurz gedacht. Besser ist die Definition: »Im Verteiler lege ich fest, wie viele Menschen ich in ihrer normalen Arbeit unterbreche und mit meinem Anliegen konfrontiere.« Aufgrund des bereits Gelernten können wir aber noch einen Schritt weiterdenken und Verteiler noch hilfreicher folgendermaßen definieren: »Mit dem Verteiler bestimme ich, wie viele E-Mails ich innerhalb der nächsten zwei Tage zurückbekommen will.«[49] Damit sind wir wieder bei einer »Ich«-bezogenen Definition, aber mit vollkommen anderen Vorzeichen. Es geht nicht mehr darum, was ich anderen antue, sondern um das, was andere mir antun werden.

Je kleiner Sie den Verteiler Ihrer E-Mails halten, desto weniger Arbeit wird aus diesem für Sie resultieren.

Merke:

Je kleiner ein Verteiler ist, desto besser ist er.

Folgendes Beispiel zeigt, welchen Einfluss die Verteilergröße auf die Arbeitszeit hat:

Ein junger Mitarbeiter schreibt eine E-Mail und adressiert sie an 20 Empfänger. Das Schreiben der E-Mail dauert 10 Minuten, sie zu lesen benötigt 0,5 Minuten.

Aufwand für den Mitarbeiter: *10 Minuten*
Aufwand für die Empfänger: *10 Minuten*

Von den 20 Empfängern reagieren 10 mit Kommentaren und Rückfragen, die sie über die »Allen antworten«-Funktion zurücksenden. Eine Antwort zu schreiben dauert 3 Minuten, eine zu lesen dauert 0,5 Minuten.

Aufwand für den Mitarbeiter: *5 Minuten*
Aufwand für die Empfänger: *130 Minuten*

Der Mitarbeiter antwortet auf jede dieser E-Mails jeweils sofort (wieder an alle). Eine Antwort zu schreiben dauert 3 Minuten, eine zu lesen dauert 0,5 Minuten.

Aufwand für den Mitarbeiter: *30 Minuten*
Aufwand für die Empfänger: *100 Minuten*

Es gibt weitere drei Rückfragen von drei Kollegen (ebenfalls an alle).

Aufwand für den Mitarbeiter: *1,5 Minuten*
Aufwand für die Empfänger: *39 Minuten*

Der junge Mitarbeiter antwortet wieder sofort und sendet die Antworten hierzu aus.

Aufwand für den Mitarbeiter: *9 Minuten*
Aufwand für die Empfänger: *30 Minuten*

Der gesamte Aufwand für den Mitarbeiter hat sich über die drei Stufen auf 55,5 Minuten addiert. Der Aufwand, den er bei anderen generiert hat, beträgt ein Vielfaches: 309 Minuten. Bei durchschnittlichen jährlichen Lohnkosten von 36.000 Euro hat der Austausch damit ca. 140 Euro gekostet (und deutlich mehr, falls Manager auf dem Verteiler waren). Durch einen kleineren Verteiler hätte der Verfasser den Aufwand für sich und die Empfänger deutlich reduzieren können.

Wie bei »Weiterleiten« und »Antworten« liegt das Hauptproblem der Verteiler-funktion ebenfalls darin, dass es für uns zu einfach ist, einen zusätzlichen Empfänger in einen Verteiler aufzunehmen. Wenn wir für jeden Empfänger stets eine komplette Briefadresse ausfüllen müssten, würde sich die Anzahl der Empfänger in unseren E-Mails wahrscheinlich automatisch drastisch reduzieren. Doch der Aufwand wird auch in Zukunft so gering bleiben. Deshalb bleibt Ihnen auch beim Verteiler nichts anderes übrig, als sich auf Ihre Selbstdisziplin und die ehrliche Antwort auf die Stockwerksfrage[50] zu verlassen.

»An«

Auch wenn der Verteiler möglichst klein sein soll: Sparen Sie nicht bei den direkt adressierten Empfängern. Wer eine bestimmte Information unbedingt haben muss, sollte diese von Ihnen auch bekommen. Fragen Sie sich immer, wer Interesse an dem Inhalt Ihrer E-Mail hat – oder haben muss. Nehmen Sie diese Personen in den Verteiler auf. Alle anderen verschonen Sie bitte.

Im Allgemeinen definiert man die An-Empfänger als jene Personen, von denen eine Handlung erwartet wird. Wenn von einem Empfänger keine Handlung erwünscht wird – wobei das zwingende Lesen der E-Mail und die Kenntnisname einer Information bereits als Handlung gelten –, gehört er nicht in das An-Feld. Eine solche E-Mail, die zur Information dient und von den An-Empfängern lediglich verlangt, dass sie sie lesen, hat oft mehrere An-Empfänger. Wenn Sie hingegen eine E-Mail schreiben, die eine bestimmte Aktion erfordert (Beispiel: »Bitte bringen Sie den Schlüssel für den Besprechungsraum A03 mit«), sollten Sie idealerweise nur einen einzigen An-Empfänger im Verteiler haben. Wenn Sie die Aufgabe an eine Gruppe geben, fühlt sich meistens niemand richtig verantwortlich (im Endeffekt bringt niemand den Schlüssel mit). Oder das andere Extrem geschieht: Mehrere Personen erledigen die Aufgabe parallel und ärgern sich anschließend über die unnötige Arbeit.

Jeder der im An-Feld Adressierten sollte möglichst an den gleichen Dingen in Ihrer E-Mail interessiert sein. Sofern einige Textpassagen nur für einige Empfänger interessant oder relevant sind, sollten Sie Ihre Botschaft in mehrere separate E-Mails unterteilen. Die resultierenden E-Mails sind dann fokussierter. Sie haben sicherlich auch teilweise voneinander abweichende Verteiler. Die Empfänger müssen dann nicht Texte lesen, die für sie nicht relevant sind. Und Sie selbst sparen sich störende Antwortmails. Denn die Erfahrung zeigt: Auch wenn sie mit einem bestimmten Thema nichts zu tun haben, hindert dies einige Zeitgenossen doch nicht daran, sich in diese Themen einzumischen, wenn sie dazu Gelegenheit erhalten.

»Cc«

Der Begriff »Carbon copy« stammt aus der Zeit der mechanischen Schreibmaschinen und bedeutet Durchschlagskopie. Durchschläge entstanden, indem schwarzes Kohlepapier (Carbon) zwischen die Schreibmaschinenblätter gelegt wurde. Jeder Tastenanschlag drückte eine Kopie des Buchstabens auf das darunterliegende Blatt durch.[51] Während damals selbst bei sehr dünnem Papier und hartem Anschlag maximal drei Durchschläge pro Original möglich waren, besteht bei E-Mail zum Leidwesen vieler Anwender keine zahlenmäßige Begrenzung.

Der Grundgedanke von Cc ist, Personen über einen Sachverhalt zu informieren, bei dem sie selbst keine Aktivität entfalten müssen. Es geht also um reine Information. Im Prinzip sollte es pro E-Mail nicht mehr als drei Personen geben, die über Ihre Korrespondenz informiert sein müssen. Einige Firmen beschränken die Anzahl der im Cc eintragbaren Namen durch Voreinstellung auf diese Zahl.

Merke:

Maximal drei Cc-Empfänger pro E-Mail!

Es gibt zwei Interpretationen von Cc.

Bei den meisten Unternehmen nutzen die Mitarbeiter Cc, um ihre Kollegen über den **Inhalt** einer E-Mail zu informieren. Der Empfänger muss hierzu die E-Mail öffnen, vollständig lesen und dabei herauszubekommen versuchen, weshalb er bei dieser E-Mail einen »Durchschlag« erhält. Dies ist zeitaufwendig. Häufig findet sich der interessante Teil weit hinten im Text. Und sicherlich ist es Ihnen auch schon einmal passiert, dass Sie trotz intensiven Grübelns überhaupt nicht verstanden haben, welche Information dieser E-Mail für Sie wichtig sein soll.

Aufgrund der fehlenden Kommentierung ist eine Cc-E-Mail daher oft arbeitsintensiver als eine mit »An« adressierte E-Mail. Sobald das E-Mail-Volumen eine bestimmte Grenze überschreitet, fühlen sich viele Anwender mit dem Suchen nach relevanten Informationen in Cc-Mails überfordert. Viele gehen dazu über, ihre Cc-E-Mails ungesehen zu löschen. Frei nach dem Motto: »Wenn es für mich keine Aufgabe enthält, dann brauche ich es auch nicht zu wissen.« Allerdings riskieren diese Mitarbeiter, dass ihnen dieses Verhalten irgendwann einmal vorgehalten wird.

Die meisten unserer Unternehmenskunden gehen im Rahmen unserer Beratung (zumindest für den internen E-Mail-Verkehr) auf die zweite Sichtweise von Cc über. Cc wird hierbei ausschließlich dazu genutzt, um über eine stattgefundene **Kommunikation** zu informieren. Der Cc-Empfänger braucht also die E-Mail nicht zu lesen. Bereits die Übersichtsinformation im Posteingang muss ihm alles sagen.

Beispiel:

Betreff	Von	An	Datum
Angebot: 10.000 Jeans Marke X	Gerda Mohn	BKern@bern.com	30.01.2008

Interpretation des Cc-Empfängers: Am 30. Januar hat meine Mitarbeiterin Gerda Mohn unserem Kunden Bern AG das Angebot über 10.000 Jeans geschickt, um das ich sie gebeten hatte. Die Angelegenheit ist also erledigt.

Diese zweite Interpretation von Cc befreit die Empfänger ausdrücklich davon, die E-Mail zu öffnen. Sie ist damit wesentlich arbeitssparender und zudem viel ungeeigneter für politische Spielchen (»Aber ich habe Sie doch damals extra

Cc gesetzt!«). Auch die Anzahl der Cc gesetzten Personen ist bei dieser Nutzungsweise viel geringer.

Es gibt nicht viele Situationen, in denen Sie jemanden Cc setzen müssen. Dazu gehören:

1. Sie leiten eine E-Mail weiter. Mit Cc stellen Sie sicher, dass der ursprüngliche Sender über diese Weitergabe informiert wird und die Empfänger nicht glauben, dass Sie das Vertrauen des ursprünglichen Autors verletzen.
2. Jemand hat Ihnen eine Aufgabe gegeben und Sie möchten, dass er sieht, dass Sie diese (mit dieser E-Mail) erledigt haben.
3. Jemand hat versucht, eine andere Person zu übergehen. Indem Sie diese Person in Ihrer Antwort Cc setzen, signalisieren Sie, dass diese Taktik bei Ihnen nicht funktioniert.
4. Sie kommunizieren als Chef über mehrere Hierarchieebenen hinweg direkt mit einem Untergebenen. Sie kopieren die übergangenen Vorgesetzten, damit diese nicht das Gefühl haben, absichtlich ausgeschlossen zu sein.
5. Sie eskalieren einen Vorgang. Nachdem die vorhergehende E-Mail vom Empfänger ignoriert wurde, setzen Sie nun Ihren Chef ins Cc.

Häufig wird eingewendet, dass es bei der zweiten Sicht von Cc nicht möglich ist, Kollegen per Cc über wichtige Sachverhalte zu informieren. Das ist richtig und auch so beabsichtigt. Wer glaubt, dass ein bestimmter Kollege über einen Vorgang inhaltlich informiert sein muss, wird nicht umhinkommen, ihm die gesendete E-Mail direkt weiterzuleiten, und zwar als An-Empfänger. Im Unterschied zu einer kommentarlosen Kopie wird er dem Empfänger der weitergeleiteten E-Mail im Text erläutern müssen, weshalb er diese weitergeleitet hat. Beispielsweise: »Anbei das Angebot, das heute an die Bern AG ging. Der Abschnitt Nr. 3 (Just-in-time-Lieferung) könnte künftig Sie betreffen.« Dieses Minimum an Mehraufwand lohnt sich!

»Bc«

»Bc« steht für »Blind copy«. Es handelt sich dabei um eine Kopie, deren Existenz für die anderen Empfänger nicht ersichtlich ist. Für manche gilt solch eine nicht dokumentierte Bc-Kopie als ein Zeichen eines engen Vertrauensverhältnisses. Man sagt sozusagen etwas hinter dem Rücken der anderen Empfänger. Der Bc-Empfänger kann seine E-Mail als inoffizielle Kopie erkennen.

»Kann« bedeutet allerdings, dass er dies nicht erkennen muss. Wenn der Empfänger einer Bc-Kopie nicht aufpasst, gibt er per »Allen antworten« einen Kommentar ab. Und schon ist für alle anderen sichtbar, dass die E-Mail hinter ihrem Rücken weitergereicht wurde. Wenn Sie bei so etwas ertappt werden, leidet Ihr Image beträchtlich. Um dies garantiert zu verhindern, müssen Sie schlicht auf Bc verzichten. Stattdessen sollten Sie eine nicht dokumentierte Kopie als eigenständige, vertrauliche An-E-Mail direkt weiterleiten.

Bc ist nur dann gerechtfertigt, wenn ALLE Empfänger den Verteiler nicht sehen dürfen und das E-Mail-System zudem keine andere Form der Anonymisierung erlaubt. Typische Situationen für den berechtigten Einsatz von Bc:

Sie möchten eine Pressemitteilung per E-Mail aussenden. Die einzelnen Empfänger sollen nicht Ihren gesamten Presseverteiler sehen.

Sie senden Ausschreibungsunterlagen an potenzielle Anbieter. Diese sollen nicht erkennen können, wer sonst noch zur Angebotsabgabe aufgefordert wurde.

Verteilerlisten

E-Mail-Systeme erlauben in der Regel das Anlegen von Verteilerlisten. Es reicht dann aus, den Namen der Verteilerliste einzugeben, und alle in der Liste geführten Personen erhalten die E-Mail.

Es gibt Verteilerlisten, die sich die Anwender selbst zusammenstellen, und Verteilerlisten, die vom Unternehmen bereitgestellt werden. Verteilerlisten sind immer nur so gut, wie sie gepflegt werden. Ungepflegte Verteilerlisten sind nutzlos bis gefährlich – zum Beispiel dann, wenn ehemalige Mitarbeiter noch vertrauliche Informationen erhalten. Viele Unternehmen unterbinden deshalb das Zusammenstellen individueller Listen.

Falls Sie Verteilerlisten nutzen, sollten Sie sich immer sicher sein:
- dass Sie wirklich die richtige Liste nutzen
- dass diese aktuell ist
- dass wirklich ALLE in der Liste aufgeführten Personen diese E-Mail erhalten sollen.

Sofern nur ein Mitglied der Liste die E-Mail nicht erhalten sollte, müssen Sie alle Empfänger manuell eingeben.

Grundsätze

Je vertraulicher der Inhalt einer E-Mails ist, desto kürzer muss die Liste der Adressaten sein. Sofern Sie per E-Mail Kritik äußern müssen, sollte nur der Kritisierte die E-Mail bekommen.[52] Jede zusätzlich kopierte Person macht die Kritik öffentlicher und damit für den Kritisierten schwerer akzeptierbar. Auf der anderen Seite darf der Verteiler durchaus etwas größer sein, wenn Sie jemanden loben. Das Lob gewinnt für den Gelobten mit jedem weiteren Zeugen an Gewicht. Damit auch die Cc-Empfänger das Lob als solches erkennen, muss es bereits in der Betreffzeile enthalten sein.

Beispiel:

Betreff	Von	An	Datum
Projekt X: Toll gemacht!	Chef	Gerda Mohr	06.02.2008

E-Mail ist kommunikationstechnisch ein sehr armes Medium. Deshalb erhalten alle seine Elemente großes Gewicht. Der Empfänger will sich sozusagen an den wenigen Anhaltspunkten festhalten, die das Medium hergibt. Dies gilt in besonderem Maße für den Verteiler. Manche Menschen studieren den Verteiler einer E-Mail länger als dessen Inhalt. Dabei finden alle möglichen Interpretationen statt. Weshalb ist Frau Schmidt auf dem Verteiler? Und weshalb Herr Münig nicht? Weshalb steht Frau Treu vor Herrn Bauer? Etc. Die einzige Möglichkeit, hier keine Front zu eröffnen, besteht darin, den Verteiler immer strikt an der Aufgabe auszurichten. Sobald Sie beginnen, mit einem E-Mail-Verteiler Politik zu betreiben, wird man auch alle Ihre anderen E-Mail-Verteiler genau analysieren. Verzichten Sie also auf solche Spielchen (»Wenn jemand nicht gleich das tut, was ich will, nehme ich seinen Chef in den Verteiler!«, »Ich schütte den Technikchef mit so vielen Informationen zu, dass er nie sagen kann, ich hätte ihn nicht informiert!« etc).

Nehmen Sie immer nur die Personen auf, die wirklich notwendig sind. Diese strikt aufgabenbezogene Verteilergestaltung wird von Ihren Kommunikationspartnern schnell erkannt werden. Sofern es in Ihrem Unternehmen eine Praxis der Reihenfolge gibt, in der die Adressaten genannt werden sollen (Sortierung entsprechend der Hierarchie, nach Intern/Extern oder nach dem Alphabet), sollten Sie diese einhalten. Wir haben aber nur wenige Unternehmen gesehen, bei denen dies wirklich wichtig war. Es ist aber auf jeden Fall höflich, Unternehmensexterne vor den Kollegen zu listen.

Sofern Sie als Untergebener mit dem Chef Ihres Vorgesetzten per E-Mail direkt kommunizieren, bewegen Sie sich unter Umständen auf einem Minenfeld. Das Gefühl, übergangen zu werden, hat schon viele Arbeitssituationen vergiftet. Erkennen Sie einfach das Recht Ihres Vorgesetzten an, über wichtige Kommunikationsströme in seinem Bereich informiert zu sein. Bitten Sie den Big Boss darum, der Klarheit halber Ihren Vorgesetzten Cc zu setzen. Sie selbst sollten dies in Ihren E-Mails eher nicht tun. Es wirkt ein bisschen angeberisch (»Schau, mit wem ich da kommuniziere!«). Besser ist es, Ihren Vorgesetzten über den Austausch persönlich zu informieren oder Ihre E-Mails direkt an ihn weiterzuleiten.

Verteiler sind nicht nur Quelle unnötiger Arbeit, sondern auch eine wesentliche Ursache für den Verlust vertraulicher Daten. Durch die falsche Eingabe der Adresse in den Verteiler können vertrauliche Daten in unberechtigte Hände gelangen. Bevor Sie jemanden erstmals in einen Verteiler aufnehmen, sollten Sie per Testmail sicherstellen, dass Sie die richtige E-Mail-Adresse haben. Bei E-Mail-Programmen, die eingegebene Adressen automatisch vervollständigen, müssen Sie aufpassen, dass die eingetragene Adresse auch die richtige ist. Sonst bekommt der Kunde Schmidt die vertrauliche Information statt des Kollegen Schmidt. Die Gefahr ist wirklich sehr konkret. In einer Studie bekannten über 15 Prozent der befragten IT-Verantwortlichen, aus Versehen schon einmal E-Mails mit vertraulichem Inhalt an den falschen Adressaten geschickt zu haben. Mehr als 39 Prozent haben schon selbst solche fehlgeleitete vertrauliche Post erhalten. 26 Prozent der fehlgeleiteten Post kam dabei aus externen Quellen.[53] Vorsicht ist also angesagt.

21. Pulitzer-Preis für eine Betreffzeile

Die Betreffzeile (häufig auch »Subject« genannt) ist die Visitenkarte der E-Mail. Sie wird vom Empfänger bereits vor ihrem Öffnen gesehen und stellt damit die E-Mail dem Empfänger sozusagen vor. Gemeinsam mit dem Namen des Absenders ist die Betreffformulierung die wichtigste Entscheidungsgrundlage dafür, ob und mit welcher Priorität der Empfänger eine E-Mail öffnet und bearbeitet. Wer eine Pulitzer-Preis-verdächtige Formulierung findet, sichert seiner E-Mail eine bevorzugte und damit auch eine schnellere Behandlung. Damit nicht genug. Die Betreffzeile ist außerdem das erste Kriterium, nach dem sowohl der Autor als auch der Empfänger eine E-Mail ablegen und später nach ihr suchen. Falsche oder irreführende Betreffzeilen verschwenden Zeit. Wer die Rabattkonditionen für das neue Projekt »Z« in eine E-Mail mit dem Betreff »Abschlussbericht Projekt XY« schreibt, wird diese später nur sehr schwer wiederfinden. Es lohnt sich also, in die Betreffzeile etwas Aufwand zu investieren.

Nahezu alle unserer Schulungsteilnehmer beschweren sich darüber, wie schlecht die Betreffzeilen ihrer Kommunikationspartner formuliert sind. Wenn wir dann gemeinsam ihre eigenen Betrefftexte analysieren, stellt sich dabei aber meist heraus, dass sie selbst auch nicht perfekt sind. Das hat einen einfachen Grund: Es ist schwierig, eine gute Überschrift zu finden. Unserer Meinung nach ist die Betreffformulierung sogar das Schwierigste beim Verfassen einer E-Mail. Es hat schon einen Grund, weshalb große Zeitungen eigene Überschriftenredakteure haben, die den ganzen Tag nichts anderes tun, als attraktive Überschriften zu finden.

Auch wenn Sie selbst nie die Meisterschaft eines Überschriftenredakteurs entwickeln werden, so können Sie Ihre Betreffzeilen dennoch verbessern, wenn Sie einige Basisregeln beachten.

Lassen Sie die Betreffzeile **niemals leer**.[54] Sie vergeben sich nicht nur die Vorteile einer guten Betreffzeile,[55] sondern stoßen den Empfänger auch vor den

Kopf. Eine leere Betreffzeile zeigt nämlich, wie wenig der Empfänger Sie interessiert. Da mittlerweile viele E-Mail-Clients vor dem Versand auf eine unausgefüllte Betreffzeile hinweisen, vermutet der Empfänger, dass die Zeile vom Absender mit voller Absicht leer gelassen wurde. Wahrscheinlich um sich selbst Arbeit zu ersparen. Dieses egoistische Verhalten kommt bei Empfängern sehr schlecht an.

Ähnlich wie eine Zeitungsheadline muss eine Betreffzeile bereits **alle wichtigen Informationen der E-Mail enthalten.** Die Aufmachung »Lawine reißt 3 Urlauber in den Tod!« enthält bereits das Wesentliche. Im Artikel stehen nur noch die Details. Genauso muss es bei Ihren E-Mails sein.

Wenn es Ihnen schwerfällt, eine griffige Formulierung zu finden, so liegt das wahrscheinlich daran, dass Ihre E-Mail nicht **fokussiert** ist. Das bedeutet, dass die E-Mail mehrere unterschiedliche Dinge enthält. Statt nun einfach »Diverses« in die Betreffzeile zu tippen, sollten Sie die E-Mail lieber in mehrere kleine E-Mails aufbrechen. Und zwar idealerweise so lange, bis Sie jeder einzelnen eine prägnante Betreffzeile geben können. Dadurch senden Sie natürlich mehr E-Mails als vorher. Das ist jedoch kein Verstoß gegen die Regel »Wer E-Mails sät, wird E-Mails ernten!«. Genau genommen ist die selbst generierte Antwortrate nämlich nicht von der Anzahl der E-Mails abhängig. Vielmehr beruht sie auf der Formel: »Anzahl der gesendeten E-Mails« x »Durchschnittliche Zahl der Empfänger« x »Durchschnittliche Zahl der unterschiedlichen Themen pro E-Mail«. Wenn sich die Zahl der E-Mails erhöht und sich die Anzahl der Themen pro E-Mail dabei im gleichen Maße reduziert, ändert sich an der Zahl der Antworten also zunächst nichts. Die Reaktionen können aber aus einem anderen Grund abnehmen: Fokussierte E-Mails haben in der Regel einen fokussierten – und damit kleineren – Verteiler. Entsprechend der obigen Formel reduziert sich damit die Basis für die Rücklaufquote. Sie erhalten weniger Rückläufer, um die Sie sich kümmern müssen.

Merke:

> *Die Betreffzeile ist die Nagelprobe für fokussierte E-Mails.*

Ihr Betrefftext sollte **so kurz wie möglich und so lang wie nötig** sein. Die hohe Auflösung und das große Format moderner Bildschirme befreien Sie davon, alles in fünf Worten zu sagen. Allerdings sollten Sie bei externen oder mobilen Adressaten 60 Zeichen möglichst nicht überschreiten, da manche E-Mail-Systeme die Texte danach abschneiden. In 60 Zeichen bringt man schon einiges unter.

Beispiel eines Betreffs mit 60 Zeichen:
Info: E-Mail-Betrefftexte dürfen bis zu 60 Zeichen lang sein

Wenn Sie längere Betreffzeilen schreiben, sollte sich die wichtigste Information am Zeilenanfang befinden. Dann macht es nicht so viel aus, wenn das Ende bei der Übertragung abgeschnitten wird.

Seien Sie in der Formulierung **konkret**. Nennen Sie Ross und Reiter. Statt »Einladung zur Besprechung« schreiben Sie besser »Einladung zur Budgetverabschiedung am 2. Mai«.

Ihre Betreffzeile sollte Ihre E-Mail **kategorisieren**. Das bedeutet, dass der Empfänger auf einen Blick sehen kann, welcher Kategorie der Inhalt angehört. Handelt es sich um eine Information? Um eine Aufforderung zur Entscheidung? Eine Einladung? Ein Angebot? Oder ist es eine Beschwerde? In der Praxis haben sich hierfür Schlagworte bewährt, die dem eigentlichen Text vorangestellt werden.

Beispiele:
Info: Maier-&-Co-Auftrag wegen Preis geplatzt
Angebot: 10.000 Kugelschreiber vom Typ 007
Termin: Gregor Stein kommt am 1.4. 14:00 Uhr
Fehlermeldung: Kopierer im Gebäude A3 funktioniert nicht

Für interne Zwecke können die Schlagworte abgekürzt werden. Statt »Info« reicht dann ein »I:«. Wie hilfreich solche Kürzel sind, wissen Sie schon von »Antworten« und »Weiterleiten«. Diese beiden Funktionen verwenden nämlich genau die gleiche Technik und stellen der Betreffzeile Kürzel vor, die diese als Antwort oder als Weiterleitung kategorisieren.

Eine gute Betreffzeile ist im Bedarfsfall auch **priorisierend**. Wenn ein Thema wichtig ist, sollte dies in der Betreffzeile stehen. Obwohl man E-Mails in manchen E-Mail-Clients eine Wichtigkeitsstufe mitgeben kann, wirkt ein »Wichtig!« im Betreff meist mehr.[56] Außerdem unterstützen nicht alle E-Mail-

Systeme Prioritäten, sodass bei externen Empfängern die verliehene Priorität bei der Übertragung verloren gehen könnte.

Halten Sie die Betreffzeile **aktuell**. Sie muss zu jedem Zeitpunkt den Inhalt der E-Mail wiedergeben. Leider ist dies vor allem bei längeren Diskussionen nur selten der Fall. Während sich das Thema im E-Mail-Text im Laufe der Diskussion schon längst geändert hat, bleibt die Betreffzeile unverändert. Lange Latten von AW:Fw:AW:Re:AW-Zeichen sind deshalb der dringende Appell, bitte nachzuprüfen, ob die Betreffzeile nicht angepasst werden muss.

Nehmen Sie gegebenenfalls wichtige **Zusatzinformationen** in die Betreffzeile auf. Wenn zum Beispiel etwas vertraulich ist, sollte das schon im Betreff ersichtlich sein. Sonst hat der Empfänger die »heiße« Information von Ihnen schon weitergeleitet, bevor er in der E-Mail dann liest, dass hierfür strengste Vertraulichkeit gilt. Weitere Zusatzinformationen sind Bezüge auf vorangegangene Kommunikation oder ein Hinweis auf besonders große Attachments. Vor allem im englischsprachigen Raum wird immer öfter explizit darauf hingewiesen, wenn man keine Antwort erwartet. Im Betreff werden dann Kürzel wie »NAN« (»no answer necessary«) oder »NRE« (»no response expected«) verwendet. Im Deutschen können Sie »KAN« (»keine Antwort nötig«) einsetzen. Der Empfänger muss das Kürzel natürlich kennen, und er darf auch nicht das Gefühl bekommen, dass Sie ihm den Mund verbieten möchten. Deshalb bietet sich das vor allem für den unternehmensinternen E-Mail-Verkehr an. Für die Empfänger ist das Kürzel die Absolution dafür, eine Diskussion nicht mehr weiterführen zu müssen.

Beispiele:
Gratulation zum Projektabschluss XY (KAN)
Info: Müller & Co erhöht Preise für Trockenfrüchte – NAN

Während sich die oben genannten Qualitätsmerkmale primär mit dem Inhalt der Betreffzeile beschäftigen, gibt es auch einige Regeln für die Formulierung.

Benutzen Sie eine **attraktive Sprache.** Bevorzugen Sie Verben und aktive Formulierungen. Schreiben Sie also »Kartellamt genehmigt Fusion« anstelle »Genehmigung für Fusion«. »Neuen Auftrag von Plus GmbH erhalten« ist schon nicht schlecht formuliert. Wesentlich attraktiver ist aber die aktive

Form »Plus GmbH erteilt neuen Auftrag«. Menschen interessieren sich für die Täter immer mehr als für das Opfer.

Schreiben Sie Ihre Betreffzeile **möglichst in Präsens oder Futur.** Vergangenheitsformen lassen das Thema schon von Beginn an alt aussehen. Vergleichen Sie einfach einmal die obige Betreffzeile »Plus GmbH erteilt neuen Auftrag« mit ihrer Vergangenheitsform »Plus GmbH hat neuen Auftrag erteilt«. Finden Sie die letztere Alternative nicht auch vergleichsweise langweilig?

So weit zu den wichtigsten Regeln für die Formulierung einer guten Betreffzeile. Lassen Sie uns nun noch kurz über Ihre Arbeitstechnik sprechen. Idealerweise sollte die Betreffzeile NACH dem E-Mail-Text geschrieben werden, denn erst dann kennen Sie den genauen Inhalt der E-Mail. Sehr häufig entwickelt sich nämlich der Text beim Schreiben in eine ganz andere Richtung als ursprünglich geplant. So sinnvoll es ist, die Betreffzeile erst zum Schluss zu schreiben, so unwohl fühlen sich allerdings viele Menschen, wenn sie nicht von »oben nach unten« arbeiten können und die Überschrift auslassen müssen. Vor allem dann, wenn das genutzte E-Mail-Programm den versehentlichen Versand von E-Mails mit leeren Betreffzeilen nicht verhindert, kommt die Angst hinzu, E-Mails ohne Betreffzeile zu versenden.

Es hat sich deshalb als sinnvoll herauskristallisiert, die Betreffzeile zunächst mit einem schnell getexteten Arbeitstitel zu versehen und diesen nach dem Schreiben der E-Mail noch einmal zu überprüfen und gegebenenfalls vollständig zu ersetzen. Erliegen Sie nicht der Versuchung, die Betreffzeile einfach hinzuschludern. Je mehr Zeit Sie für das Schreiben der E-Mail verwendet haben, desto mehr Zeit sollten Sie auch für die Betreffzeile aufwenden. Sie werden sehen: Je mehr Übung Sie haben, desto schneller werden Ihnen gute Betreffformulierungen einfallen. Wenn Sie besonders schnelle Fortschritte erzielen wollen, können Sie auch ein spezielles »Betreff«-Training durchlaufen.

Oft reicht für die Information, die Sie weitergeben möchten, ein einziger Satz aus. Beispielsweise »Herr Müller verspätet sich um 30 Minuten« oder »Anbei die Anfahrtsbeschreibung«. Statt eine vollständige E-Mail mit Betreffzeile, Begrüßung, Text und Verabschiedung zu schreiben, können Sie hier die Form der »Einzeilen-E-Mail« wählen. Bei dieser Art E-Mail besteht die E-Mail einzig und allein aus der Betreffzeile. Der Absender schreibt darin die gesamte Information. Der Textkörper bleibt vollkommen leer. Der Empfänger braucht die E-Mail deshalb erst gar nicht zu öffnen. Er nimmt die Nachricht zur Kenntnis und löscht sie dann anschließend gleich. Damit der Empfänger die Einzeilen-E-Mail als solche erkennt, muss sie entsprechend markiert werden. Im angelsächsischen Raum hat sich dafür ein angefügtes »EOM« (End of Message) durchgesetzt. Im deutschsprachigen Raum gibt es keinen eindeutigen Standard. Entweder wird ebenfalls »EOM« verwendet oder es werden der Nachricht Kürzel wie »KN« (Kurznachricht) vorangestellt.

Beispiele:
Aktion: Bitte Schlüssel zum Meeting mitbringen – EOM
Info: Heute Geburtstag von Frau Meier – EOM
KN: Info: 14-Uhr-Termin mit Herrn Schulte auf 15 Uhr verschoben – EOM

Bevor Sie Kurznachrichten als Einzeilen-E-Mails versenden, sollten Sie sich sicher sein, dass der Empfänger das Kürzel versteht. Erläutern Sie in den ersten E-Mails sicherheitshalber das Einzeilen-E-Mail-Konzept. Mit einem vorgefertigten Textbaustein ist das schnell erledigt. Mittelfristig sparen Sie jedenfalls viel Zeit.

22. Weniger ist mehr – wie Sie wirkungsvolle Texte schreiben

Eine E-Mail schreibt man, weil man – hoffentlich – etwas zu sagen hat. Und zwar etwas, das für den Empfänger relevant, zumindest aber interessant ist. Dies geschieht im Textteil der E-Mail. Leider haben nur die wenigsten von uns irgendwann einmal gelernt, wie man sich in einer E-Mail gut und exakt ausdrückt. Der große Rest von uns lebt von dem, was er vor (mehr oder weniger) langer Zeit in der Schule erlernt hat, und von dem, was er sich im Berufsleben von anderen abschauen konnte. Leider sind die für einen guten Deutschaufsatz geltenden Regeln nur begrenzt auf E-Mail-Texte anwendbar, und auch die Vorbilder der Kollegen sind meistens nicht so leuchtend.

»Nichts ist einfacher, als sich schwierig auszudrücken, und nichts ist schwieriger, als sich einfach auszudrücken.«   *Karl Heinrich Waggerl*

»Schreibe kurz – und sie werden es lesen. Schreibe klar – und sie werden es verstehen. Schreibe bildhaft – und sie werden es im Gedächtnis behalten.«
Joseph Pulitzer

Grundregeln

Ausgangspunkt der Konzeption einer Nachricht ist der Empfänger, sowie all diejenigen, an die der Empfänger den Text eventuell weiterleiten wird.[57] Diese Erkenntnis ist sehr wichtig: Nicht Sie als Absender, sondern der Empfänger entscheidet, ob die E-Mail für nützlich oder unnütz gehalten wird. Er entscheidet auch, ob die E-Mail verständlich oder unverständlich ist. Sie müssen Ihre E-Mails also in Form, Inhalt und Länge am Empfänger ausrichten.

Schreiben Sie E-Mails nie im Affekt. Es gilt die Regel: erst denken, dann schreiben! Auf E-Mails, die Sie emotional aufgebracht haben, sollten Sie erst antworten, wenn Sie eine Nacht darüber geschlafen haben. Laut englischen Untersuchungen ist eine E-Mail-Antwort auf solch eine E-Mail allerdings grundsätzlich nicht empfehlenswert. Am besten ignoriert man gemäß dieser Untersuchung die E-Mail. Wenn Ihnen das in einer bestimmten Situation nicht möglich ist, sollte ein Kollege vor dem Absenden Ihren Text gegenlesen und Ihnen seine Meinung sagen.

Sofern Ihnen Aussagen in einer eingegangenen E-Mail unklar sein sollten, sollten Sie nie Annahmen über die Aussagen machen. Fragen Sie sicherheitshalber noch einmal nach, bevor Sie antworten. Sonst reden (bzw. schreiben) sie aneinander vorbei. Daraus sind schon massive Probleme entstanden.

Und nicht zuletzt: Schreiben Sie Vertrauliches nur dann per E-Mail, wenn Sie dieses sicher verschlüsseln können – und zwar derart, dass es wirklich nur der Empfänger wieder lesbar machen kann (End-to-End-Verschlüsselung). Alles, was Sie einer unverschlüsselten E-Mail anvertrauen, kann in etwa von so vielen Menschen gelesen werden wie eine Postkarte. Seien Sie deshalb vorsichtig mit dem, was Sie schreiben!

Umfang

Je weniger ein Empfänger lesen muss, desto weniger Zeit muss er aufwenden. Eine E-Mail sollte deshalb so knapp wie möglich sein – aber auch nicht kürzer. Das ist ganz in Ihrem Sinne: Kürzere E-Mails schreiben sich schneller als lange. Damit der Empfänger nicht scrollen muss, sollte die gesamte E-Mail idealerweise auf einen Bildschirm passen. Die E-Mail sollte nur die Themen enthalten, die in der Betreffzeile explizit angesprochen werden. Im Idealfall gibt es pro E-Mail nur ein einziges Thema. Das erleichtert die Verwaltung der offenen E-Mails sowie die Ablage der E-Mails ungemein. Sofern eine E-Mail mehrere Themen hat, sollten diese zumindest inhaltlich zusammenhängen.

Beispiel:
Info: Bericht Meeting v. 1. Febr. & Planung für nächstes Meeting (6. März)

Oft wird eingewendet, dass es gängige Praxis sei, in einem Geschäftsbrief mehrere Themen abzuhandeln. Diesen Einwänden ist entgegenzuhalten, dass man früher mehrere Themen vor allem deswegen aggregiert hat, weil man sonst einen hohen Aufwand hätte treiben müssen. Man hätte nämlich mehrmals Briefbögen in die Schreibmaschine einspannen, mehrmals die gleichen Adressen tippen, mehrmals per Hand kuvertieren und zusätzlich auf jeden Umschlag eine teure Briefmarke kleben müssen. Der heutige Mehraufwand ist dagegen vernachlässigbar.

Format

Moderne E-Mail-Programme ermöglichen es, die Nachrichten im HTML-Format zu verfassen. Mit HTML können Sie die Texte mit unterschiedlichen Schrifttypen, Schriftstärken und Farben gestalten. Ferner können Sie Grafiken einfügen. So schön das Ergebnis aussieht: Nicht alle Empfänger können oder wollen HTML zulassen, da es mehr Bandbreite und Speicherplatz erfordert. Außerdem kann es durch im Text enthaltene Skripte ungewollte Effekte haben (Pop-ups, Ändern der Internet-Startseite, Installation von Spyware und anderer Schadsoftware, Empfangskontrollen etc.). Wählen Sie für das Erstellen und Senden zumindest an Unternehmensexterne deshalb das reine Text-Format. Sehen Sie auch von »RTF-Text« ab, da dieser bei einigen Mail-Clients als Anhang geliefert wird und dadurch viel umständlicher zu öffnen ist.

Formulierung

Der Absender sollte sich so ausdrücken, dass der Empfänger die E-Mail gern liest und einfach verstehen kann. Für die Formulierung der Texte gilt, was auch für die Betreffzeile gilt: Machen Sie den Text für den Empfänger attraktiv!

- Nutzen Sie einfache, kurze Sätze mit klaren Aussagen. Zerschlagen Sie lange Sätze und machen Sie mehrere kurze daraus.
- Schieben Sie Subjekt und Prädikat nah zueinander. (Nicht: »Der Kredit, der Ihnen am 25.2. von unserem Münchner Büro im festen Glauben an Ihre Bonität zugebilligt wurde und dessen Rückzahlung für den 1.7. fest vereinbart

war, ist noch nicht getilgt.« Stattdessen: »Sie haben den Kredit noch nicht getilgt, der am 25.2. von unserem Münchener Büro gewährt wurde.«)

- Formulieren Sie lieber positiv als negativ. Lieber bejahend als verneinend.
- Nutzen Sie Verben. Schreiben Sie nicht »Die Möglichkeit zur ...«, sondern »... ist möglich«. Nicht »Beschreibung ...«, sondern »... beschreibt«. Verwenden Sie möglichst einteilige Verben anstelle von mehrteiligen (statt »stellt ... dar« lieber »ist« oder »beschreibt«).
- Verwenden Sie aktive Formulierungen anstelle passiver Substantivierung. »Firma A übernimmt Firma XY« ist wesentlich griffiger als »Firma XY ist Gegenstand einer Übernahme durch Firma A«.
- Streichen Sie überflüssige Wörter (»gewissermaßen, selbstredend, schlichtweg, insbesondere, regelrecht ...«) und Füllfloskeln (»Ich würde sagen ...« etc.)
- Eliminieren Sie zwei von drei Adjektiven. Adjektive sind häufig falsch und überflüssig. Im besten Fall sind sie Weichmacher, die die Aussage verwässern. Clemenceau wies seine Redakteure an: »Bevor Sie ein Adjektiv hinschreiben, kommen Sie zu mir in den dritten Stock und fragen, ob es nötig ist.« Halten Sie es wie er.
- Nennen Sie alles deutlich beim Namen. Lassen Sie den Leser nicht mutmaßen. Die Regel aus dem Deutschunterricht, dass Wortwiederholungen schlechter Stil sind, gilt bei E-Mail nicht. Je häufiger die wichtigen Schlüsselwörter im Text vorkommen, desto einfacher finden Sie die E-Mail über die Volltextsuche später wieder. Synonyme, also ähnliche Wörter gleicher Bedeutung, finden Sie nie wieder.
- Benennen Sie immer die engste Einheit (nicht »Zahlung«, wenn Sie »Barauszahlung« meinen).
- Nennen Sie konkrete Zahlen, Daten und Werte (Statt »viele Teilnehmer« lieber »23 Teilnehmer«, statt »baldmöglichst« besser »bis spätestens 5. April«).
- Sagen Sie Kompliziertes mehrfach und mit unterschiedlichen Worten. So kommt die Nachricht garantiert an.

Aufbau

Um vom Empfänger einfach und vollständig verstanden zu werden, sollte der E-Mail-Text eine klare Struktur haben. Jede E-Mail besteht aus

- Eröffnung
- Textkörper
- Abschluss

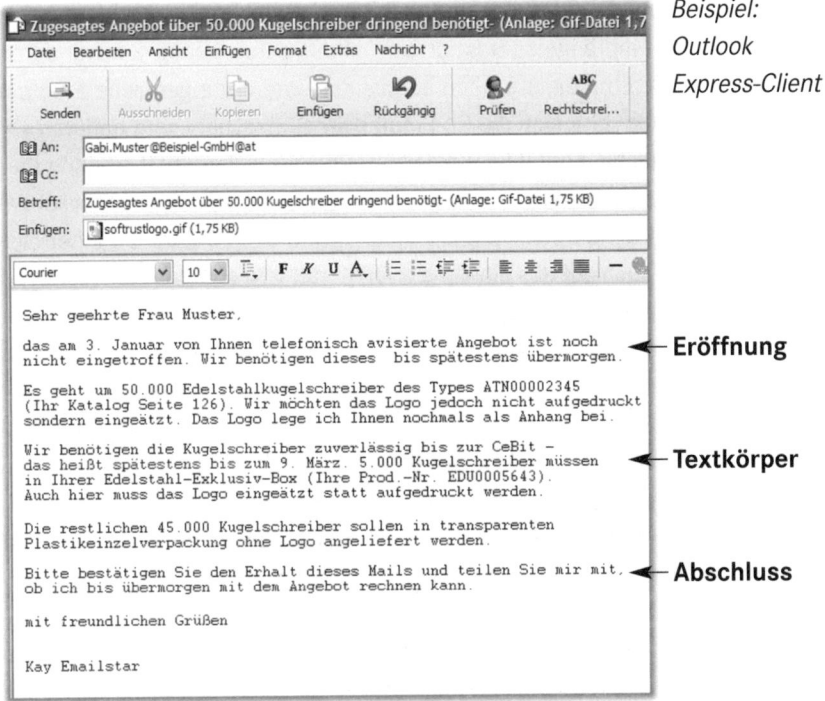

*Beispiel:
Outlook
Express-Client*

E-Mails, die nach diesem Muster aufgebaut sind, ersparen dem Empfänger Zeit, Energie und Frustration. Für Sie als Verfasser ist die standardisierte Gliederung eine große Hilfe bei der schnellen Formulierung.

Die **Eröffnung** ist der wichtigste Bestandteil einer E-Mail. Sie enthält

* Anrede
* Aufbau von Rapport
* Zweck der E-Mail
* Definition der Erwartungshaltung

Die Eröffnung sollte maximal drei bis vier Zeilen lang sein. Sie wird vom Textkörper durch eine Leerzeile abgesetzt.

Halten Sie die Anrede kurz und freundlich. Nennen Sie den (oder die) Namen des An-Empfängers. Das ist zum einen persönlicher. Zum anderen macht es den Cc-Empfängern noch einmal klar, wer der eigentliche Empfänger ist. Die Gefahr, dass sich die Cc-Empfänger einmischen, wird dadurch geringer. Geschäftliche Kontakte werden im Zweifel sicherheitshalber immer noch mit »Sehr geehrte Frau ...« bzw. »Sehr geehrter Herr...« angesprochen. Wenn die Kontakte nah oder intensiv sind – vor allem im Rahmen einer Diskussion –, kann auch auf das einfache »Herr/Frau + Nachname« umgestiegen werden. Es empfiehlt sich aber immer, eine Grußformel wie »Hallo« oder »Guten Tag« zu verwenden. Auf tageszeitliche Grüße wie »Guten Morgen« und »Guten Abend« sollten Sie jedenfalls verzichten, weil Sie nie wissen, wann der Empfänger die E-Mail liest. Duzfreunde reden Sie natürlich auch in der E-Mail mit dem Vornamen an – und lassen diesen in heftigen E-Mail-Diskussionen auch mal weg. Allerdings klingt ein vorangestelltes »Hallo« immer noch freundlicher als der nackte Name allein. Sofern Sie den Ansprechpartner nicht kennen, beginnen Sie Ihre E-Mail mit »Sehr geehrte Damen und Herren«.

Als Nächstes stellen Sie Rapport her. Unter Rapport versteht die Psychologie das »Einschwingen« von Gesprächspartnern aufeinander. Sie müssen dem Empfänger hierbei signalisieren, dass Sie ihn als einzigartigen Menschen wahrnehmen (und nicht als ein anonymes Computerwesen). Indem Sie ihn mit seinem Namen angesprochen haben, haben Sie bereits den ersten Schritt getan. Nun reicht meist schon ein einziger Satz aus, um eine persönliche Beziehung zum Empfänger herzustellen. Zeigen Sie, dass Sie ihn (oder sein Anliegen) ernst nehmen. Bringen Sie eigene Gefühle zum Ausdruck. Danken oder gratulieren Sie ihm zu einer vorangegangenen Leistung. Was auch immer: Signalisieren Sie ihm, dass Sie ihn wertschätzen.

Beispiel:

Sehr geehrter Herr Reklam,
zunächst einmal herzlichen Dank, dass Sie den Aufwand auf sich genommen
haben, uns zu schreiben. Ich kann Ihre Verärgerung sehr gut verstehen.

Viele Beschwerdefälle würden nie eskalieren, wenn in der Antwort ein Minimum an rapportbildenden Elementen enthalten wäre. Von einem Menschen/Unternehmen, von dem man sich ernst genommen fühlt, akzeptiert man auch mal einen negativen Bescheid.

Nachdem Sie die persönliche Basis geschaffen haben, kommen Sie zum Zweck der E-Mail. Sie sagen in wenigen Worten, weshalb Sie diese E-Mail schreiben. Auch hier genügt meist ein einziger Satz.

Beispiele:

Ich habe Fragen zu Ihrem Angebot vom 5. Dezember über 1.000 Regenschirme.
Wie versprochen schicke ich das Protokoll der Teamsitzung vom 13. Oktober.
Ich möchte Anregungen für die Verbesserung der Auftragsabwicklung geben.

Das letzte Element der Eröffnung ist die Erwartungshaltung. Hierfür schreiben Sie in einfachen Worten, was Sie vom Empfänger konkret erwarten (Antwort, Entscheidung, Aktion ...) und bis wann. Spätestens hier kann der Empfänger entscheiden, was er mit Ihrer E-Mail tun möchte (sofort bearbeiten, auf Termin legen, weiterleiten, ablegen, löschen etc.). Wenn Sie keine spezielle Erwartung haben oder sich diese von alleine versteht, entfällt die Erwartungshaltung. Dies gilt beispielsweise, wenn Sie einen Diskussionsbeitrag leisten. Allerdings sollten Sie sich in den Situationen, in denen Sie keine Erwartungshaltung formulieren können, immer fragen, ob unter dieser Voraussetzung überhaupt eine E-Mail nötig ist.

Beispiele:

Ich benötige Ihre Meinung hierzu bis zum Mittwoch, 8.3., 9:00 Uhr.
Ich hoffe, dass diese Information für Sie nützlich ist, und erwarte keine Antwort.
Bitte entscheiden Sie bis zum Donnerstag.

115

Wenn Ihre E-Mail mehrere An-Empfänger hat, müssen Sie jedem einzelnen schreiben, was Sie von ihm erwarten. Sprechen Sie ihn mit seinem Namen an, damit er versteht, dass er und niemand sonst gemeint ist. Auf diese Weise verhindern Sie, dass bestimmte Aufgaben nicht oder doppelt erledigt werden.

Mit dem Anlass der E-Mail und der Erwartungshaltung haben Sie die wichtigsten Informationen geliefert. Häufig reicht das als E-Mail-Text bereits völlig aus. In diesem Fall können Sie sofort zum Abschluss übergehen. Andernfalls müssen Sie sich nun dem Textkörper zuwenden.

Der **Textkörper** beinhaltet die »Nutzlast« der E-Mail. Hier stehen die Details, die in der Eröffnung keinen Platz haben. Versuchen Sie für den Textkörper eine eingängige Gliederung zu finden. Erläutern Sie diese möglichst mit einem Satz zu Beginn des E-Mail-Textkörpers, sodass der Empfänger weiß, was in den nächsten Zeilen auf ihn zukommt. Strukturieren Sie den nachfolgenden Text dann in kleine, gut lesbare Absätze.

Nutzen Sie für Ihren Text den Zeichenvorrat der deutschen Sprache: also Groß- und Kleinschreibung, Kommas und Punkte. Reine Kleinschreibung erscheint vielen als modern – zeigt aber den meisten Empfängern lediglich, dass sich der Sender nicht im Mindesten um ihre Belange schert. Solche Texte sind nämlich schlechter lesbar.[58]

Vermeiden Sie auch reine GROSSSCHREIBUNG. Im Internet wird dies als Anbrüllen interpretiert. Nutzen Sie für die Hervorhebung einen fetteren Font oder Unterstreichung. Allerdings geht diese Formatierung bei Empfängern verloren, die sich die Nachricht als ASCII-Text anzeigen lassen. Eine dezente Art der Hervorhebung, die von allen Empfängern gesehen wird, wird durch *Sternchen* erreicht.

Mehrfache Ausrufezeichen (!!!!) und Fragezeichen (???) wirken im geschäftlichen Umfeld meistens unprofessionell oder aggressiv.

Versuchen Sie Tippfehler und Buchstabendreher zumindest in wichtigen E-Mails zu vermeiden. Auch wenn es bei der elektronischen Kommunikation meist ein wenig toleranter zugeht als bei der regulären Korrespondenz, so kann man sich nicht auf diese Toleranz verlassen. Eine korrekte Sprache ist immer die Visitenkarte des Absenders. Eine schlampige Sprache fällt auf Sie zurück. Sofern Sie von einem mobilen Gerät wie Smartphone oder Blackberry aus schreiben, empfiehlt sich ein kurzer Hinweis darauf (»PS: Bitte um Nachsicht. Geschrieben mit zwei Fingern von unterwegs.«).

Falls der Empfänger Ihrer E-Mail nicht das gleiche E-Mail-Programm benutzt wie Sie (wovon Sie bei externen Empfängern immer ausgehen müssen), sollten Sie Tabulatoren vermeiden und eine Nichtproportionalschrift (z. B. Courier) ohne spezielle Formatierung benutzen. Sonst kommt Ihre sorgfältig komponierte Nachricht beim Empfänger als Buchstabengrab an. Tabellen dürfen also nur mithilfe von Leerzeichen erstellt werden. Allerdings sind aufwendige Tabellen wesentlich besser im Anhang aufgehoben als im Textkörper.

Ihr Text sollte möglichst für sich selbst aussagekräftig sein. Das bedeutet, dass man ihn auch dann noch versteht, wenn man ihn in zwei Monaten liest und nicht mehr weiß, was fünf E-Mails früher geschrieben worden ist. Im Zweifel sollten Sie deshalb wichtige Informationen aus den Vorgänger-E-Mails in Ihrer E-Mail wiederholen.

Jeder E-Mail-Text endet mit dem **Abschluss.** Trennen Sie diesen durch eine Leerzeile vom Textkörper. Schreiben Sie dann noch einmal, was Sie vom Empfänger konkret erwarten. Es könnte sein, dass er das inzwischen schon vergessen hat. Außerdem entscheidet sich genau an dieser Stelle, ob sich der Empfänger der nächsten E-Mail zuwendet oder Ihr Anliegen sofort erledigt. Ein direkter Appell lenkt den Empfänger zur sofortigen Erfüllung Ihrer Erwartung. Fügen Sie nun noch einen rapporterhaltenden Satz an. Also einen Satz, in dem Sie auf die Person oder die spezielle Beziehung zwischen Ihnen und der Person eingehen. Dann kommen die Grußformel und Ihr Name. In Deutschland ist nach wie vor überwiegend »mit freundlichen Grüßen« üblich. Aber auch »freundliche Grüße« sieht man zunehmend.

Beispiel:
Bitte drucken Sie die Einladung aus und hängen Sie diese ans Schwarze Brett. Danke für Ihre Hilfe – ohne Sie hätte ich das nie geschafft.
Mit freundlichen Grüßen
Greta Muster

Sonderregeln für E-Mail-Diskussionen

E-Mail ist nicht immer nur Ersatz für einen Geschäftsbrief oder eine Büromitteilung. E-Mail wird bekanntlich auch häufig anstelle des Telefons oder einer persönlichen Besprechung genutzt. Vor allem für hin- und herlaufende Diskussionsbeiträge sind die oben beschriebenen Grundsätze nicht alle anwendbar. Folgendes sollten Sie berücksichtigen:

* Je länger ein E-Mail-Austausch dauert, desto knapper darf die E-Mail sein und desto schneller sollte sie auf den Punkt kommen. Sie können bei der 100. Antwort-E-Mail auf die Anrede, auf den Zweck und die Erwartungshaltung verzichten. Bei einem Gespräch redet man sich schließlich auch nicht vor jedem Satz mit Namen an. Es ist aber keine schlechte Idee, wenn Sie sich vor jeder Antwort fragen, was Sie mit dieser bezwecken möchten. Häufig werden solche Diskussionen nämlich zum Selbstzweck. In diesem Fall sollten Sie Ihre Kommunikationspartner fragen: »Was wollen wir jetzt eigentlich ganz genau?«

* In Diskussionen verteilt sich die wichtige Information meist über viele E-Mails. Solange die Diskussion anhält, ist dies kaum ein Problem, da den Teilnehmern die Fakten überwiegend noch gegenwärtig sind. Bereits wenige Wochen später sieht das aber vollkommen anders aus. Fassen Sie deshalb zum Ende einer Diskussion noch einmal kurz alle wichtigen Fakten zusammen. Sie ersparen sich und anderen später viel Sucharbeit.

  Beispiel:

  Zusammenfassung: Diskussion über Einführung XPC in Japan,
  12.-24. Jan 08

* Auch bei Diskussionen ist es wichtig, ständig den Rapport mit den Teilnehmern aufrechtzuerhalten. Streuen Sie deshalb in Ihre Diskussionsbeiträge Sätze ein, die auf die beteiligten Personen reflektieren.

* Spätestens nachdem eine Diskussion mehr als vier Durchläufe hinter sich gebracht hat, sollten Sie sich überlegen, ob es nicht besser wäre, zum Telefon zu greifen oder das persönliche Gespräch zu suchen. E-Mail-Diskussionen laufen länger als persönliche Gespräche.

23. Tschüss und LOL –
wie Sie einen angemessenen Stil pflegen

Ein leeres E-Mail-Eingabefenster scheint uns zu einem Kommunikationsverhalten zu verführen, das wir sonst nicht an den Tag legen würden. In der E-Mail ist unser Schreibstil ausgeprägter als üblich. Wir sind vor allem viel salopper.

Immer wieder wird deshalb die Frage gestellt, »wie formell man sich in einer E-Mail ausdrücken muss« bzw. »wie informell man sich ausdrücken darf«.

Die Antwort auf diese Fragen lautet: Es kommt darauf an! Nämlich darauf, wem man schreibt, weshalb man schreibt und was man letztendlich erreichen möchte.

Wie eine E-Mail formuliert wird, hängt also primär von drei Faktoren ab:

1. Wem wird diese E-Mail geschrieben?
2. Welche bisherige Kommunikationsart wird ersetzt?
3. Welcher Eindruck soll vermittelt werden?

Berücksichtigen Sie, in welcher Beziehung Sie zum Empfänger stehen. Wenn Sie einem persönlichen Freund schreiben, dürfen Sie sich im Ton lockerer geben, als wenn Sie eine E-Mail an den Geschäftsführer Ihres größten Kunden richten. Erhalten mehrere Empfänger die E-Mail, gibt derjenige im Verteiler den Ton vor, der am formellsten behandelt werden muss.

E-Mail ersetzt bekanntlich eine große Bandbreite anderer Kommunikationsarten: angefangen bei der Post-it-Nachricht über das persönliche Gespräch bis hin zum formellen Geschäftsbrief. Dient eine E-Mail als Post-it-Ersatz, darf sie kürzer und informeller formuliert werden. Das gilt auch für Diskussionsbeiträge. Ersetzt die E-Mail dagegen einen Geschäftsbrief, müssen Formen und Standards der Geschäftskorrespondenz eingehalten werden. Fragen Sie sich deshalb bei jeder E-Mail, welche Kommunikationsart Sie wohl wählen würden, wenn E-Mail nicht verfügbar wäre, und welchen Ton Sie dort anschlagen würden. Ihre nach diesen Kriterien verfasste E-Mail sollte nicht salopper sein. Es ist ein Irrtum zu glauben, dass man alleine schon deshalb lockerer sein darf, weil eine Nachricht per E-Mail geschickt wird. Der Zweck bestimmt den Ton, nicht das Medium!

Merke:

E-Mail ist nicht per Definition informeller!

Grundsätzlich ist es immer eine gute Idee, den Kommunikationspartner im Ton zu »spiegeln«. Das bedeutet, dass man sich in den eigenen E-Mail-Antworten dessen Ton anpasst. Dadurch entsteht schnell eine gemeinsame emotionale Basis. Wenn Sie also eine E-Mail erhalten, die sich durch einen informellen Ton, zahlreiche Emoticons (;-)), viele Satzzeichen (!!!!), reine Kleinschreibung und zahlreiche Rechtschreibfehler auszeichnet, können Sie prinzipiell ähnlich zurückschreiben (wobei von Rechtschreibfehlern natürlich immer möglichst abgesehen werden sollte ...). Der Erfolg beim Empfänger ist Ihnen wahrscheinlich sicher.

Bei geschäftlicher Korrespondenz ist allerdings eine weitere Überlegung wichtig: Wollen Sie, dass diese E-Mail als Muster für Ihren persönlichen Kommunikationsstil und Ihre Unternehmenskultur angesehen wird? Die Redaktion einer hippen Jugendmusikzeitschrift wird dies wahrscheinlich aus vollem Herzen bejahen. Die Leserkommunikation will genau den Ton ihrer homogenen Zielgruppe treffen. Außerdem kommunizieren die jungen Redakteure untereinander in genau dem gleichen Jugendjargon. Die meisten Unternehmen haben es aber mit ganz unterschiedlichen Geschäftspartnern zu tun und sind gut beraten, einen neutraleren und formelleren Ton anzuschlagen. Wenn Ihnen also ein Praktikant Ihres besten Kunden eine sehr flapsige E-Mail-Anfrage schreibt, sollten Sie lieber in formellem Ton zurückschreiben. Sie wissen nie, an wen der eifrige Praktikant Ihre E-Mail-Antwort weiterleitet – oder wer bei einer Recherche im E-Mail-Archiv später noch auf diese E-Mail stoßen mag (zu einem Zeitpunkt, zu dem der Praktikant und seine ursprüngliche E-Mail schon längst vergessen sind).

E-Mail verführt nicht nur zu einem zu lockeren, sondern auch zu einem tendenziell zu offenen Ton. Der Umstand, dem Empfänger beim Formulieren nicht in die Augen sehen zu müssen (und zu können), verbunden mit dem Wunsch, selbst möglichst wenig zu tippen, verführen uns dazu, Dinge sehr direkt und verkürzt auszusprechen. Das kommt beim Empfänger häufig schlecht an. Seien Sie sich dessen immer bewusst. Formulieren Sie Ihre E-Mails immer so verbindlich wie möglich. Schreiben Sie E-Mails immer so, dass Sie kein Problem damit hätten, wenn der Text in der Zeitung stünde. Schreiben Sie auch nie etwas, was Sie dem Empfänger nicht auch genau in diesen Worten persönlich ins Gesicht sagen würden. Versuchen Sie nicht, sich Tippaufwand zu sparen, wenn dies auf Kosten der Freundlichkeit geht.

Vermeiden Sie in Ihren E-Mails Humor, Ironie und Sarkasmus! Sie wissen nie, in welcher Gemütsverfassung der Empfänger Ihre E-Mail liest. Ironie und Sarkasmus gehen mit größter Wahrscheinlichkeit schief. Die Menschen haben unterschiedliche Vorstellungen davon, was witzig ist – und eine sehr geringe Toleranz, wenn sie glauben, dass sie selbst Gegenstand eines Witzes sind.

Verwenden Sie jede Art von Fachjargon nur dann, wenn ihn der Empfänger garantiert kennt. Dazu gehören Abkürzungen, Akronyme und Fachbegriffe. Alle, die nicht wissen, was »FYI« heißt, sind Ihnen dankbar, wenn Sie »For your information« oder »Zu Ihrer Information« schreiben. Akronyme wie LOL (»laughing out loud«), die eher in den Chatbereich gehören, sollten Sie im beruflichen Alltag überhaupt nicht einsetzen.

Smileys (auch Emoticons genannt) sind ebenfalls nur im Privatleben eine schöne Sache. In Ihren geschäftlichen E-Mails sollten Sie sparsam mit ihnen umgehen. Nicht jeder kennt alle Smileys und nicht jeder kann sich mit ihrem Gebrauch im Geschäftsleben anfreunden. Sofern Sie einen Text schreiben, der ohne ein augenzwinkerndes Smiley falsch verstanden werden könnte, sollten Sie den Text lieber neu formulieren, sodass er nicht mehr missverstanden werden kann. Denn: Wenn eine E-Mail falsch interpretiert werden kann, wird sie auch mit Sicherheit falsch interpretiert. Ob mit oder ohne Smiley.

Halten Sie sich bei Ihren E-Mails an die Konventionen der jeweiligen Sprache. Denken Sie daran, dass reine Kleinschreibung im Deutschen als extrem unhöflich gilt und dass reine GROSSSCHREIBUNG international als Anschreien verstanden wird und daher absolut verpönt ist.

Fazit: Der gewählte Ton muss die Befindlichkeit und die Erwartungshaltung des Empfängers berücksichtigen. Deshalb gibt es keine allgemeingültige Regel außer der einen: Im Zweifelsfall immer lieber eine Spur höflicher und formeller!

24. »1 % von 30 MB heruntergeladen …« – was Sie über Anhänge wissen sollten

Anhänge (Attachments) machten aus dem E-Mail-System, das zunächst nur zum Austausch von Nachrichten gedacht war, ein System, mit dem Dateien auf einfachste Weise von Rechner zu Rechner transferiert werden können. Natürlich waren Dateiübertragungen auch früher möglich. Sie erforderten aber tiefere Computerkenntnisse und besondere Berechtigungen – Dinge, die »normale« Mitarbeiter einfach nicht besaßen. E-Mail machte die Übertragung beliebiger Dateien plötzlich derart einfach, dass sich hierfür jedes Training erübrigte. Jeder, der eine Konstruktionszeichnung per Brief verschicken konnte, hatte bereits alle notwendigen Kenntnisse, um die Konstruktionszeichnung auch als CAD-Datei per E-Mail zu verschicken: einfach den Empfänger angeben, die Bilddatei auswählen, und schon ist die Angelegenheit erledigt. Gleichgültig wo auf der Welt der Empfänger sitzt und welchen Rechner er benutzt: Die Datei wird innerhalb von Sekunden komplett und korrekt auf dessen Rechner zugestellt. Es verwundert deshalb nicht, dass die Anhangfunktion zu den am häufigsten genutzten E-Mail-Funktionen gehört.

E-Mail-Anhänge sind aber nicht ohne Tücke. Die meisten potenziellen Probleme betreffen die Sicherheit. Aber auch auf die Effizienz haben Anhänge eine gewisse Auswirkung.

Anhänge können Ihnen und den Empfängern Ihrer E-Mails vor allem dann sehr viel Zeit ersparen, wenn die Dateien in einem Format vorliegen, das vom Empfänger sofort weiterverarbeitet werden kann. Auf diese Weise können beispielsweise Texte übernommen, Tabellenformeln nachvollzogen und Bilder bearbeitet werden. Der Empfänger muss allerdings über die zur Nutzung der Datei notwendigen Programme in der richtigen Version verfügen. Bevor Sie ein bestimmtes Format erstmals versenden, sollten Sie deshalb abklären, ob der Empfänger damit überhaupt etwas anfangen kann.

Nicht jedes Unternehmen sieht es gern, wenn Dateien im Format der Originalanwendungen ins Haus geschickt werden. Dies hängt damit zusammen, dass in vielen dieser Dateiformate schädliche Software (Würmer, Viren, Trojaner) versteckt sein kann. Viele Unternehmen gehen sogar so weit, beim E-Mail-Eingang bestimmte Dateitypen (z. B. Microsoft-Word) zu blockieren oder aus den Dateien automatisch bestimmte Komponenten (z. B. Makros) zu entfernen. Da die Filter oft auf Dateiendungen reagieren, reicht es oft schon aus, wenn der Absender die »problematische« Dateiendung durch eine unverdächtige Dateiendung ersetzt.

Beispiel:
Aus »Projektbeschreibung.xls« wird »Projektbeschreibung.txt«

Der Empfänger muss diese Umbenennung freilich wieder rückgängig machen, damit er die Datei richtig verarbeiten kann. Ob dieser kleine Trick als eine lässliche Sünde oder aber als ein massiver Verstoß gegen den Arbeitsvertrag gesehen wird, ist von Unternehmen zu Unternehmen verschieden. Bevor Sie diesen Trick anwenden, sollten Sie deshalb wissen, wie diese Umgehung der Vorschriften bei Ihrem Arbeitgeber und dem des Empfängers behandelt wird. Und Sie sollten sicherstellen, dass die Datei wirklich keinen schädlichen Code enthalten kann. Von sich aus sollten Sie auf Makros in Dokumenten verzichten und niemals ausführbare Programme (z. B. Bildschirmschoner) versenden. Das Gleiche gilt für die witzigen PowerPoint-Präsentationen, Filmchen etc., die alle versteckte schädliche Nutzlast tragen können. Wenn Sie sich nicht an diese Vorsichtsmaßnahme halten, sind Sie unter Umständen plötzlich mit rechtlichen Konsequenzen konfrontiert.

Sofern es nicht unbedingt notwendig ist, dass Informationen in der Originalanwendung weiterverarbeitet werden können, empfiehlt es sich, ein Format zu wählen, das sicherer ist. Eine angefügte Datei enthält nämlich häufig versteckte Informationen, die für einen erfahrenen Nutzer zugänglich sind. So verbleiben auch gelöschte Informationen bei vielen Softwarepaketen weiterhin in der Datei. Bei einem Word-Text mit eingebetteter Excel-Grafik können sich beispielsweise auch alle Einzelwerte der Excel-Datei im Worddokument befinden – auch wenn diese nicht angezeigt werden. Ein versierter Empfänger kann auf gelöschte oder verborgene Daten zugreifen und dabei oft vertrauliche Informationen erhalten. Bei externen Empfängern ist deshalb ein Format wie PDF zu bevorzugen.

123

Das Originalformat verbietet sich immer dann vollständig, wenn Sie Änderungen durch den Empfänger gar nicht zulassen möchten. Beispielsweise dann, wenn Sie ein Angebot oder einen Vertragstext schicken. Zumindest in diesen Fällen müssen Sie auf jeden Fall Formate wie PDF nutzen.

Angehängte Dateien können teilweise sehr groß sein (vor allem Präsentationen, Bilder, Grafiken, Videos und Musik, aber auch Tabellen und Textdokumente).[59] Aufgrund der großen Bandbreite unternehmensinterner Netze werden diese Größen vom Anwender meist gar nicht wahrgenommen. Allerdings verfügt nicht jeder Empfänger über einen derart schnellen Internetzugang. Wer eine Datei über Modem oder ein normales Handy herunterladen soll, verzweifelt schon an einer 4-MB-Datei. Außerdem gibt es Anwender, deren E-Mail-Box bereits so voll ist, dass eine neue große Nachricht sie in einem Maße verstopft, dass keine weiteren Nachrichten mehr empfangen werden können. Stellen Sie deshalb vor dem Versenden großer Anhänge sicher, dass der Empfänger über die zum schnellen Herunterladen nötige Bandbreite verfügt und auch genügend Platz in seiner Mailbox hat, um die Daten aufnehmen zu können. Sonst machen Sie sich beim Empfänger unter Umständen sehr unbeliebt.

Große Dateien sollten Sie vor dem Versenden komprimieren. Dies ist teilweise durch Auswahl eines geeigneten Dateiformats möglich (z. B. JPEG statt BMP bei Bilddateien). Beliebige Dateien können Sie mit einem Komprimierungswerkzeug verkleinern (z. B. mit WinZip für Windows). Manche Dateiformate (z. B. JPEG) sind allerdings nicht weiter komprimierbar. Auch bei der Dateikomprimierung muss darauf geachtet werden, dass der Empfänger die Daten wieder dekomprimieren kann. Dies kann vor allem bei Apple-Nutzern Probleme bereiten.

Was für E-Mails gilt, gilt auch für Anhänge: Unverschlüsselt sind sie während der Übertragung und Speicherung von vielen Menschen lesbar. Vertrauliche Anhänge müssen deshalb vor dem Versenden verschlüsselt werden. Am besten sind hierzu asymmetrische Verschlüsselungsalgorithmen geeignet (z. B. mit PGP oder im S / MIME-Format). Stellen Sie jedoch sicher, dass der Empfänger das gewählte Verschlüsselungsformat wirklich verarbeiten kann. Und natürlich müssen alle Kommunikationspartner zuerst ihre sogenannten »öffentlichen Schlüssel« austauschen.

Sofern Ihr Unternehmen keine spezielle Verschlüsselungslösung bietet, gibt es Behelfslösungen. Diese sind aber wirklich nur zweite Wahl, da sie nur vor der Ausspähung durch Nicht-Profis schützen.[60] Die erste (schlechtere) Möglichkeit besteht darin, die Kennwortfunktion zu nutzen, die manche Programme bieten. Vergeben Sie beispielsweise bei PowerPoint-Präsentationen ein Kennwort, das nur Berechtigten das Öffnen erlaubt. Besser (aber nicht perfekt) ist die zweite Form der Verschlüsselung: Komprimieren Sie die Datei und vergeben Sie dabei im Komprimierungsprogramm ein Passwort. Natürlich dürfen Sie das Kennwort nicht in der gleichen E-Mail mitversenden, sondern müssen es auf separatem Weg übermitteln (am besten per Telefon).

Ob verschlüsselt oder unverschlüsselt: Schicken Sie Dateien niemals stillschweigend mit. Es gehört einfach zum guten Ton, dem Empfänger mitzuteilen, was er im Anhang der E-Mail erhält und was er damit tun soll. Aber Sie zählen die angehängten Dateien nicht nur aus purer Höflichkeit auf. Die Liste ist nämlich für den Empfänger die einzige Möglichkeit, um festzustellen, ob er alle Anhänge erhalten hat. Sehr häufig vergisst man beim Senden nämlich den einen oder anderen Anhang. Und dann wundert man sich, weshalb der Empfänger nicht reagiert.

Gibt es etwas Praktischeres als eine angehängte Datei? Ja! Ein sogenannter Link! Bei einem Link wird nicht die Datei in die E-Mail eingefügt, sondern lediglich deren Speicheradresse. Das hat den Vorteil, dass die E-Mail viel kleiner wird. Außerdem ist es für das Unternehmen einfacher, diese E-Mail zu speichern, zu übertragen, zu archivieren und zu sichern. Für den Empfänger ist der Link genauso einfach zu handhaben wie eine angehängte Datei. Er braucht den Link nur anzuklicken, und schon wird die Datei auf seinen Rechner heruntergeladen. Allerdings setzt dies voraus, dass der Empfänger (z. B. über einen Web-Browser) Zugriff auf den Speicherort hat. Dies ist vor allem bei externen Empfängern nicht immer der Fall.

Kürzere Textdateien verschickt man auch möglichst nicht als Anhang. Sie werden einfach in den E-Mail-Text hineinkopiert. Das erspart das Öffnen einer angehängten Datei. Auch die Suche wird erleichtert. Vor allem Anwender mit mobilen Geräten wie Smartphone oder Blackberry sind für diese Praxis dankbar.

25. Achtung Falle! – Fettnäpfchen und wie man sie vermeidet

Wer E-Mail nutzt, bewegt sich potenziell auf unsicherem Boden. Es gibt so manche Falle, in die man tappen kann. In diesem Kapitel wollen wir die häufigsten aufzählen. Einige haben Sie bereits in den vorangegangenen Kapiteln kennengelernt. Der Vollständigkeit halber listen wir sie aber auch hier noch einmal auf.

Fettnapf 1: Sie ärgern sich über eine E-Mail, die Sie als beleidigend (unverschämt, anmaßend, verleumderisch, zynisch, ignorant etc. etc.) empfinden.

Falsch: Sie antworten sofort per E-Mail und erweitern den Verteiler. Der Streit eskaliert. Es verbleibt verbrannte Erde.

Richtig: Am besten ignorieren Sie die E-Mail. Sofern Ihnen dies nicht möglich ist, schlafen Sie eine Nacht über die Angelegenheit und klären die Situation über einen anderen Kanal (persönlich, über den Chef etc.). Falls das nicht geht, schreiben Sie eine betont sachliche E-Mail und lassen diese vor dem Absenden von einem Kollegen gegenlesen. Wenn Sie sich bewusst dafür entscheiden, eine emotionale E-Mail zu schreiben (»Auf einen groben Klotz gehört ein grober Keil!«) und damit in einen massiven Streit einzutreten, informieren Sie vorher alle wichtigen Personen (Chef etc.) darüber, dass bald Ärger ins Haus steht und Sie entsprechende Unterstützung erwarten.

Fettnapf 2: Sie senden eine vertrauliche Kopie einer E-Mail an einen Dritten.

Falsch: Sie nutzen hierfür die »Bc«-Funktion. Der Bc-Adressierte passt nicht auf und antwortet per »Allen antworten«. Es ist nun für jeden offensichtlich, dass Sie eine vertrauliche Kopie weitergereicht haben.

Richtig: Sie leiten die vertrauliche Kopie als getrennte E-Mail weiter und setzen den Empfänger ins An-Feld. Sie passen die Betreffzeile an und nehmen den Vermerk »vertraulich« auf. In der Eröffnung der E-Mail schreiben Sie, weshalb die Kopie erstellt wurde und was vom Empfänger erwartet wird. Sie weisen nochmals auf den vertraulichen Charakter hin.

Fettnapf 3: Sie versenden ein Office-Dokument mit vertraulichen Daten.

Falsch: Sie schicken die E-Mail und den Anhang im Klartext. Dritte können den Text lesen.

Richtig: Sie verschlüsseln die E-Mail und/oder den Anhang. Sofern Sie kein Verschlüsselungsprogramm besitzen, nutzen Sie zumindest die Kennwortfunktion des Office-Programms oder des Komprimierungsprogramms.

Fettnapf 4: Sie klicken Anhänge mit an sich unproblematischen Dateierweiterungen (.txt, .pdf) an.

Falsch: Ihr Betriebssystem ist leider so eingestellt, dass »bekannte« Dateierweiterungen nicht angezeigt werden. Damit werden »getarnte« Attachments möglich. Statt »Wichtig.txt.exe« wird nur »Wichtig.txt« angezeigt. Durch das Anklicken wird ein Programm mit einem Virus gestartet.

Richtig: Sie stellen Ihr Betriebssystem so ein, dass alle Dateierweiterungen angezeigt werden. Getarnte Anhänge sind auf den ersten Blick ersichtlich.

Fettnapf 5: Sie erhalten E-Mails mit Anhängen von unbekannten Absendern.

Falsch: Sie klicken die Anhänge an. Diese können Viren, Trojaner und Würmer enthalten, die vom Virenscanner nicht erkannt wurden.

Richtig: Sie hinterfragen kritisch, ob Sie einen Anhang wirklich öffnen wollen.

Fettnapf 6: Sie senden eine E-Mail mit sensiblen Informationen an einen neuen Kontakt.

Falsch: Sie tippen die E-Mail-Adresse ein und schicken die E-Mail ab.

127

Durch einen Tippfehler in der Adresse geht die E-Mail an eine andere Person.

Richtig: Sie schicken vorher eine Testmail, um die E-Mail-Adresse zu verifizieren. Erst dann schicken Sie wichtige E-Mails.

Fettnapf 7: Sie verwenden die Auto-Vervollständigungs-Funktion bei der Adresseingabe.

Falsch: Sie übernehmen nach einigen Tastenanschlägen die vorgeschlagene E-Mail-Adresse. Eine falsche Adresse wird angezogen. Die E-Mail erreicht einen falschen Empfänger.

Richtig: Sie prüfen sehr genau, ob die angezogene E-Mail-Adresse wirklich die richtige ist.

Fettnapf 8: Eingehende Nachrichten werden im HTML-Format angezeigt.

Falsch: Im HTML-Format enthaltene JavaScripts werden automatisch ausgeführt, und Verweise auf extern gespeicherte Grafiken informieren den Versender, dass die E-Mail-Adresse gültig ist und dass die E-Mail gelesen wurde. Spam-Versender haben Ihre Adresse verifiziert.

Richtig: Unterbinden Sie das automatische Laden von Grafiken über das Internet und die Ausführung von JavaScript, indem Sie die entsprechende Funktion ausschalten.

Fettnapf 9: Eine schöne Tabelle wurde von Ihnen in den E-Mail-Text integriert. Diese soll auch an Unternehmensexterne gehen.

Falsch: Tabellen- oder Tabulatorenfunktionen wurden genutzt. Der Empfänger verfügt nicht über das gleiche E-Mail-System. Die Tabelle kommt als chaotisches Buchstaben- und Zahlengrab bei ihm an.

Richtig: Erstellen Sie Tabellen in einem Text- oder Tabellenkalkulationsprogramm und fügen Sie die Datei (eventuell im PDF-Format) der E-Mail bei. Sofern die Tabelle unbedingt in der E-Mail selbst enthalten sein soll, nutzen Sie eine nichtproportionale Schrift (z. B. Courier) und Leerzeichen, um die Tabelle nachzubilden.

Fettnapf 10: Sie schreiben E-Mails ohne Signatur.

Falsch: Ihre Telefonnummer ist nicht enthalten. Der Empfänger kann nur per E-Mail reagieren.

Richtig: Ihre Telefonnummer ist in der Signatur enthalten. Der Empfänger kann Sie anrufen, wenn er dies für sinnvoller als eine Antwort-E-Mail hält.

Fettnapf 11: Sie nehmen während einer Diskussion zusätzliche Personen in den Verteiler auf.

Falsch: Sie tun dies stillschweigend. Die anderen Empfänger fühlen sich übergangen und sind verärgert. Die neuen Empfänger werden teilweise mit Aussagen konfrontiert, die nicht für sie gedacht waren.

Richtig: Sie ergänzen den Verteiler nur, wenn Sie es für unbedingt nötig erachten. Sie weisen auf die neuen Personen im Verteiler hin und erläutern, weshalb Sie diese aufgenommen haben. Sie achten darauf, dass in älteren Diskussionsbeiträgen nichts steht, das nicht für den neuen Teilnehmer gedacht ist.

Fettnapf 12: In einer E-Mail sind noch alte Texte enthalten.

Falsch: Sie lassen während Diskussionen und Weiterleitungen den gesamten alten Text in der E-Mail. Neue Teilnehmer erhalten Einsicht in Sachverhalte, die sie nichts angehen.

Richtig: Sie löschen bei Antworten und beim Weiterleiten alle alten Texte vollständig.

Fettnapf 13: Sie suchen eine E-Mail-Adresse in alten E-Mails.

Falsch: Sie suchen in Ihrer E-Mail-Ablage nach einer Mail der gesuchten Person, klicken auf »Antworten« und löschen die alte Betreffzeile. Beim Löschen des alten Textes übersehen Sie den letzten Teil. Vertrauliche Informationen gehen an andere, die Sie in Ihrer neuen Mail als Cc adressieren.

Richtig: Sie legen E-Mail-Adressen immer im Adressbuch ab und suchen sie auch dort. Damit gehen Sie kein Risiko ein.

Fettnapf 14: Sie fügen Ihren E-Mails eine Signatur an.

Falsch: In der Signatur ist auch Ihre Grußformel enthalten (z. B. Mit freundlichen Grüßen, Herbert Muster). Das erspart Ihnen die Eingabe der Grußformel. Allerdings ist für jene Empfänger, die ihren E-Mail-Client auf reine ASCII-Textanzeige eingeschaltet haben, dieser Kunstgriff ersichtlich (Signaturen werden vom Text durch zwei Minuszeichen getrennt). Damit ist sichtbar, dass Sie sich nicht einmal die Mühe machen, den Empfänger selbst zu grüßen.

Richtig: Betreiben Sie den Aufwand und formulieren Sie eine passende Grußformel. Sie müssen dafür zwar etwas mehr tippen, doch dafür können Sie die Grußformel je nach Empfänger auch variieren. Das kommt gut an.

26. Maßnahmen vor dem Absenden

Solange eine E-Mail nicht abgeschickt ist, kann sie auch keine Probleme bereiten. Selbst wenn sie vor Zynismus trieft, dreiste Lügen enthält oder den Empfänger aufs Gröbste beschimpft: kein Problem! Solange die E-Mail nicht abgeschickt ist, hat das alles keine Konsequenzen für Sie. Ist sie allerdings einmal gesendet, so gibt es keine Möglichkeit mehr, sie zurückzuholen[61] und das Verhängnis zu stoppen. Es lohnt sich deshalb, sich vor dem Absenden einer E-Mail einige Gedanken zu machen. Bevor Sie auf »Senden« drücken, sollten Sie sich mental kurz folgende Fragen stellen:

1. **Ist diese E-Mail wirklich nötig?** Brauche ich sie, um meine Arbeit zu tun? Oder enthält sie Informationen, die für den Empfänger so wichtig sind, dass er sich gerne in seiner Arbeit unterbrechen lässt? *Falls Sie dies nicht aus vollem Herzen bejahen können, sollten Sie auf die E-Mail verzichten. Denken Sie daran: »Wer E-Mails sät, wird E-Mails ernten!«*
2. **Gibt es nicht eine bessere Alternative zur E-Mail?** Bringt Sie ein kurzer Anruf, eine Telefonkonferenz, ein Besprechungstermin oder ein Brief vielleicht schneller zum gewünschten Ergebnis? *Selbst wenn Sie die E-Mail bereits vollständig geschrieben haben, lohnt es sich häufig, sie noch in diesem Stadium einfach zu löschen.*
3. **Sind sensible oder vertrauliche Informationen in dieser E-Mail enthalten?** Dürfen Teile der E-Mail nicht von Dritten gelesen werden? Wäre es schlimm, wenn der Inhalt dieser E-Mail in vollem Wortlaut in der Zeitung veröffentlicht würde (morgen/nächsten Monat/in zehn Jahren)? *Sofern Sie Probleme mit einer Veröffentlichung haben, sollten Sie immer auf die E-Mail verzichten. Bestimmte Dinge gehören nicht dokumentiert. Verschlüsseln Sie vertrauliche Informationen. Falls dies nicht möglich ist, senden Sie die Information über einen anderen Kanal.*

4. **Ist die E-Mail fokussiert?** Enthält sie nicht zu viele Themen? Sollte sie der Klarheit halber nicht besser in mehrere kürzere E-Mails aufgespalten werden?

5. **Wurde der kleinstmögliche Verteiler gewählt?** Sind alle Empfänger richtig adressiert (An, Cc)? *Entfernen Sie alle überflüssigen Empfänger.*

6. **Gibt die Betreffzeile den Inhalt der E-Mail korrekt wieder?** Ist sie kurz und prägnant? Zeigt sie an, um welche Kategorie von E-Mail es sich handelt? Hat sich der Inhalt der E-Mail nicht inzwischen von der Betreffformulierung entfernt? *Passen Sie die Betreffzeile gegebenenfalls an.*

7. **Ist der Text aussagekräftig?** Ist er so gestaltet, dass er vom Empfänger vollständig und fehlerfrei verstanden werden kann? Ist die Sprache einfach? Gibt es eine klare Struktur? Wird nicht zu viel Vorwissen vorausgesetzt? Ist für den Empfänger in den ersten Zeilen ersichtlich, um was es geht und was von ihm (bis wann) erwartet wird? *Ergänzen Sie den Text wenn nötig.*

8. **Ist der Ton der E-Mail freundlich und konstruktiv?** Kann der Text unter Umständen als zu persönlich verstanden werden? Wird auf Zynismus, Ironie, Sarkasmus und Humor verzichtet? Entspricht die E-Mail den Ansprüchen Ihres Unternehmens? Waren Sie emotional angespannt, als Sie die E-Mail geschrieben haben? *Lassen Sie den Text im Zweifel von einem Kollegen gegenlesen.*

9. **Erfüllt die E-Mail alle formalen Qualitätskriterien?** Sind Rechtschreibung und Interpunktion korrekt? Wird das Layout der E-Mail beim Versenden durch den automatischen Umbruch nicht verstümmelt? *Setzen Sie die Rechtschreibprüfung des E-Mail-Clients ein. Lassen Sie besonders wichtige E-Mails von einem Kollegen gegenlesen und senden Sie die E-Mail zur Umbruchkontrolle zunächst einmal an sich selbst.*

10. **Sind die Anhänge in Ordnung?** Kann der Empfänger die Anhänge öffnen und verarbeiten? Fühlt er sich durch sie eher belastet als entlastet? Blockieren sie aufgrund ihrer Größe eventuell sein Postfach und seine Netzanbindung? Enthalten sie versteckte Informationen, die nicht weitergegeben werden sollten? *Entfernen oder komprimieren Sie gegebenenfalls Anhänge. Wandeln Sie die anzuhängende Datei eventuell in ein anderes Format um.*

Erst wenn der Kurzcheck grünes Licht gibt, sollten Sie auf »Abschicken« klicken, um mit Ihrer E-Mail einen Kollegen oder Geschäftspartner in seiner Arbeit zu unterbrechen.

27. Wie sag ich's meinem Kinde? – wie Sie Ihre Kommunikationspartner beeinflussen

»Das Problem liegt nicht bei mir«, hören wir bei Schulungen immer wieder, »es sind die anderen, die mich mit unnötigen und dazu noch schlecht geschriebenen E-Mails zumüllen.«

Inzwischen wissen Sie, dass diese Aussage nicht ganz stimmt. Es sind nicht nur die anderen, die stressen. Es sind auch wir selbst. Jeder Einzelne von uns kann sich selbst durch seine persönliche Disziplin und Arbeitstechnik deutlich entlasten. Wer es beispielsweise nicht schafft, nur maximal dreimal pro Tag in seinen E-Mail-Posteingang zu sehen, der braucht sich erst gar nicht darüber zu beschweren, dass »die anderen« sein E-Mail-Problem nicht lösen. Das werden sie nicht tun. Die Maxime lautet deshalb: »Ändere zunächst einmal das, was du selbst am einfachsten ändern kannst: dich!«

Dessen ungeachtet stimmt es natürlich, dass Ihre Kommunikationspartner (Kollegen, Kunden, Geschäftspartner etc.) Ihre E-Mail-Belastung stark beeinflussen. Wir gehen in unseren Projekten davon aus, dass die erzielbare Effizienzsteigerung pro Mitarbeiter verdoppelt werden kann, wenn nicht nur ein einzelner Mitarbeiter ein E-Mail-Effizienzprogramm durchläuft, sondern die gesamte Organisation. Nur: Solange Sie Ihr Unternehmen nicht von einem unternehmensweiten Programm überzeugen können, sind Sie auf sich alleine gestellt.[62] Das bedeutet nicht, dass es damit getan ist. Es bedeutet lediglich, dass Sie sich selbst darum kümmern müssen und dass Sie das vorhandene Effizienzpotenzial auch nicht vollständig ausschöpfen können.

Wie bringen Sie alle Ihre Kommunikationspartner dazu, Sie weniger zu belasten? Eigentlich gar nicht. Es ist nämlich vollkommen illusorisch, alle Kollegen, Geschäftsfreunde, Kunden etc. ändern zu wollen. Statt die gesamte Welt zu ändern, sollten Sie sich auf eine überschaubare Anzahl von Personen konzentrieren. Wählen Sie jene zehn Personen aus, von denen Sie die meisten E-Mails erhalten. Bevorzugen Sie in der ersten Runde Unternehmensinterne gegenüber Externen. Nachdem Sie die erste »Erziehungsrunde« beendet und dabei erste Erfahrungen gesammelt haben, können Sie auch die Unternehmensexternen angehen.

Konstruieren Sie sich eine »Geschichte«. Weshalb wollen Sie Ihr E-Mail-Verhalten ändern? Was war der Auslöser? Was erwarten Sie? Machen Sie die Geschichte sehr persönlich. Und denken Sie daran: Die Geschichte sollte sich um Sie drehen und nicht um die anderen! Sobald aus der Geschichte sofort ein Anspruch an die Zuhörer herausspringt, werden diese blockieren. Erzählen Sie Ihre Geschichte dann überall herum – zumindest aber bei jenen zehn Personen, die Sie beeinflussen möchten. Wenn wir sagen »erzählen«, dann meinen wir das auch. Nutzen Sie möglichst persönliche Gespräche oder das Telefon. Vermeiden Sie so weit wie möglich E-Mail. Flechten Sie die Geschichte am Rande einer normalen Konversation ein, sei es beim Mittagessen oder beim Warten auf den Beginn einer Besprechung. Machen Sie auf keinen Fall einen eigenen Termin dafür.

Ein Teilnehmer fing seine Geschichte mit »Ich bin gerade dabei, meine Ehe zu retten!« an. Nach den befremdeten Blicken der Zuhörer fuhr er fort: »Meine Frau droht mir nämlich, mich rauszuschmeißen, wenn ich weiterhin bis in die Nacht E-Mails bearbeite.« An dieser Stelle lachten die Zuhörer befreit auf. Der Teilnehmer lächelte ebenfalls und erzählte, dass er sich wirklich vorgenommen habe, seine E-Mail-Belastung deutlich zu reduzieren. Er zählte auf, wie viel Zeit und Nerven die E-Mail-Bearbeitung inzwischen von ihm erforderte und dass das so nicht weitergehen könne. Er erzählte, dass er ein E-Mail-Effizienz-Training gemacht habe. Und er schloss seine Geschichte mit der Bitte ab, Verständnis dafür zu haben, wenn er künftig nur noch jene Leute in den Verteiler nähme, die wirklich an einem Thema interessiert seien. »Aber das ist ja wahrscheinlich ohnehin in Ihrem Sinn. Ich bin ja nicht der Einzige, der hier unter E-Mails stöhnt! Hahaha.«

Mit der Geschichte wird der Boden für den Veränderungsprozess bereitet. Die anderen kennen den Kontext und sind sensibilisiert. Sie wissen, dass es Ihnen in erster Linie um Sie geht. An sich selbst sehen die Zuhörer noch keine Anforderungen gestellt. Das hält sie offen für neue Eindrücke.

Was passiert in der Folge? Zunächst einmal beobachten Ihre sensibilisierten Kommunikationspartner Ihr künftiges E-Mail-Verhalten sehr aufmerksam. »Was macht er anders als früher?« Leben Sie nun ganz bewusst E-Mail-Effizienz vor. Denken Sie daran: Sie sind jetzt Vorbild. Wenn Sie gefragt werden, weshalb Sie etwas in einer bestimmten Art tun, erklären Sie es. Aber drängen Sie sich nie auf. Sie wollen in dieser Phase gar nicht den Eindruck erwecken, dass sich die anderen ändern möchten. Sie werden trotzdem feststellen, dass bereits jetzt vieles von Ihren Kommunikationspartnern übernommen wird. Einfach schon deshalb, weil diese ja auch mit der E-Mail-Flut kämpfen und für jede sinnvolle Hilfestellung dankbar sind.

Erzählen Sie so viel wie möglich über Ihr »persönliches Effizienz-Steigerungs-Projekt«. Ständig und überall! Tun Sie es im Aufzug, in der Kantine, am Rande von Besprechungen, als kleinen Schwank während eines Telefonats etc. Schildern Sie Ihre Maßnahmen und die erzielten Fortschritte. Loben Sie Kommunikationspartner, die sich in Ihrem Sinne vorbildlich verhalten haben. Sprechen Sie Ihre Bewunderung für leuchtende Vorbilder im Unternehmen aus. Das sollte durchaus unterhaltend sein und immer »nebenbei« laufen. Gerade weil es den Zuhörern nichts vorschreibt, bewirkt es bei ihnen sehr viel.

Erst im nächsten Schritt nehmen Sie direkt Einfluss auf Ihre Kommunikationspartner. Sofern Sie als Vorgesetzter formale Weisungen an die Kommunikationspartner geben können, ist das natürlich vergleichsweise einfach. Sie müssen Ihren Mitarbeitern dann nur sagen, welche E-Mails Sie künftig empfangen möchten – und welche nicht. Und Sie müssen erreichen, dass sich die Mitarbeiter auch daran halten. Ein Manager berichtete einmal, dass er die Anzahl der bereichsinternen E-Mails nur durch diese einzige Maßnahme von über hundert auf unter zehn pro Tag reduzieren konnte. Natürlich hatte der Manager den Mut, einen Teil der (ohnehin nur theoretischen) Kontrolle aufzugeben – und die Weitsicht, sich von seinen Mitarbeitern stattdessen einen wöchentlichen Kurzbericht über kritische Kunden- und Projektsituationen geben zu lassen.

In der Regel können wir unseren Kommunikationspartnern aber nicht befehlen, was sie tun sollen. Wir können es ihnen jedoch sagen. Dabei bestimmt der Ton die Musik. Seien Sie vor allem bei den ersten Korrekturmaßnahmen sehr sensibel. Sprechen Sie den betreffenden Kommunikationspartner persönlich an oder rufen Sie ihn an. Verzichten Sie auf E-Mail. Wenn Sie beispielsweise bei einem bestimmten Vorgang nicht mehr Cc gesetzt werden möchten, könnte Ihr Gespräch folgendermaßen verlaufen: »Danke, dass Sie mich immer auf den Vorgang X kopieren (= Anerkennung der Leistung des Gegenübers). Aber die Cc-E-Mails werden mir einfach zu viel. Ich komme nicht mehr durch (= Beschreibung des störenden Sachverhaltes). Das macht mich unzufrieden und stresst (= Beschreibung, was der störende Sachverhalt bei Ihnen persönlich bewirkt). Bitte seien Sie so freundlich und streichen Sie mich vom Verteiler (= Erklärung, was Sie konkret erwarten). Sie helfen mir damit sehr (=abschließende Anerkennung).« Anschließend können Sie wieder über den Stand Ihres persönlichen E-Mail-Effizienzprogramms berichten und Ihren Gesprächspartner damit zum »Mitbesitzer« des Themas machen.

Wenn Ihr Feedback immer im Ton freundlich ist und stets die Stufen »Problem« – »Auswirkung auf mich« – »Gewünschte Änderung« enthält, werden Sie meist eine positive Resonanz erfahren. Je öfter Sie jemanden bereits (erfolgreich) um eine Änderung gebeten haben, desto formloser können Sie bei künftigen Anforderungen sein. Dann können Sie auch zur E-Mail wechseln. Der Betreffende wird aufgrund Ihrer guten Vorarbeit Ihre kurze E-Mail »Bitte in dieser Angelegenheit vom Verteiler streichen« sicherlich nicht mehr persönlich nehmen.

Sie werden sehen: mit der Zeit ändert sich das E-Mail-Verhalten der meisten Ihrer Kommunikationspartner. Bei den einen mehr als bei den anderen. Doch das ist nicht zu ändern. Akzeptieren Sie einfach, dass sich einige Personen ohne Druck niemals ändern.

Sobald sich bei der ersten Gruppe nichts Wesentliches mehr tut, ist es Zeit, sich die nächsten zehn Kandidaten für den Veränderungsprozess auszuwählen. Konzentrieren Sie sich wieder auf diejenigen, von denen Sie die meisten E-Mails erhalten. Dieser Gruppe können Sie dann schon erzählen, dass Sie von einer kleinen Gruppe bei Ihren Bemühungen um eine höhere E-Mail-Effizienz aktiv unterstützt wurden. Und wie gut das alles funktioniert.

Vielleicht hört sich dieser Beeinflussungsprozess für Sie sehr kompliziert und zeitaufwendig an. Doch das ist er nicht. Wenn Sie sich erst einmal daran gewöhnt haben, läuft das automatisch nebenher. Der Teilnehmer mit der »Ich rette meine Ehe«-Geschichte erzählte, dass er oft gar nicht mehr von sich aus anfangen musste. Die Kollegen fragten ihn: »Und? Ist deine Frau zufrieden?« »Sehr!«, konnte er antworten und mit leuchtenden Augen erzählen, wie viel weniger E-Mails er jetzt erhält, wie er seine Freizeit zurückerhalten hat etc. etc. etc.

28. Umgang mit privaten E-Mails

Wer *Stephanie Heil* heißt und im Unternehmen eine E-Mail-Adresse namens *Stephanie.Heil@beispielfirma.de* hat, kommt gar nicht umhin, zu seinem geschäftlichen E-Mail-Postfach eine sehr persönliche Beziehung zu entwickeln. Es ist schließlich eine Fortsetzung des eigenen, sehr persönlichen Namens. Deshalb erscheint es den meisten Angestellten auch vollkommen natürlich, in diesem Postfach auch private E-Mails zu empfangen. Sofern Sie zu diesen Menschen gehören, sollten Sie die folgenden Absätze sorgfältig lesen.

Grundsätzlich verbietet das Gesetz, Betriebseinrichtungen für private Zwecke zu nutzen. Das geschäftliche E-Mail-System darf also zunächst einmal nicht privat verwendet werden. Wer dagegen verstößt, läuft Gefahr, arbeitsrechtlich verfolgt zu werden.[63] Das gilt natürlich in ganz besonderem Maße, wenn die private E-Mail-Nutzung explizit verboten ist.

Im wirklichen Leben wird allerdings bekanntlich weniger heiß gegessen, als gekocht wird. Die wenigsten Unternehmen in Deutschland, der Schweiz und Österreich haben private E-Mails ausdrücklich verboten. Und wenn solche Unternehmen über längere Zeit eine private E-Mail-Nutzung zumindest toleriert haben, dann können die Mitarbeiter daraus einen Anspruch auf weitere private Nutzung ableiten. Vollkommen auf der sicheren Seite sind jedoch nur jene Mitarbeiter, in deren Unternehmen die private E-Mail-Nutzung ausdrücklich erlaubt ist.

Nicht alles, was erlaubt ist, macht allerdings auch Sinn. Und private E-Mails, die sich im E-Mail-System des Unternehmens tummeln, fallen genau in diese Kategorie. Sie sind unsinnig. Und das aus einer ganzen Reihe von Gründen:

Die Vertraulichkeit privater E-Mails ist im Unternehmensnetz nicht sichergestellt. Unternehmen müssen die persönlichen E-Mails ihrer Mitarbeiter zwar ausdrücklich vor dem Zugriff Dritter schützen, doch das ist im Geschäftsbetrieb einfacher gesagt als getan. Tatsache ist, dass nicht ausgeschlossen werden kann, dass Dritte wie der Systemadministrator, der Chef oder ein Stellvertreter im Rahmen ihrer Tätigkeit private E-Mails zu Gesicht bekommen. Sofern ein Unternehmen aus gesetzlichen Gründen E-Mails archiviert, lässt es sich auch nicht vermeiden, dass private E-Mails vollständig oder teilweise im Archiv gesichert werden. Einmal dort, können sie bis zum Ablauf der gesetzlichen Aufbewahrungsfrist (in Deutschland sechs oder zehn Jahre) von niemandem mehr gelöscht werden – können aber von jedem gelesen werden, der über die Archivberechtigung verfügt.

E-Mail ist nur während der Arbeitszeit verfügbar. Sofern man keinen Remote-Zugriff auf das E-Mail-System des Unternehmens hat, kann man außerhalb der Arbeitszeiten (abends, am Wochenende, im Urlaub etc.) nicht mailen.

Die E-Mails befinden sich im Unternehmen. So bequem es ist, ein professionell geführtes E-Mail-System zu nutzen und sich keine Gedanken über Sicherungen etc. machen zu müssen, so lästig ist es, wenn man wichtige E-Mails aus dem Unternehmen schaffen möchte. Schnell haben sich große Mengen von privaten E-Mails angesammelt. Sie auf einen Datenträger zu kopieren und aus dem Unternehmen zu ziehen, ist häufig nicht einfach (und darüber hinaus in einigen Unternehmen auch ausdrücklich verboten).

Das E-Mail-Konto ist abhängig vom Beschäftigungsverhältnis. Es ist zwar ungemein praktisch, tagsüber jede eingehende private E-Mail schnellstmöglich zu sehen, man kann dies aber nur, solange man bei seinem jetzigen Arbeitgeber beschäftigt ist. Wechselt man den Arbeitgeber, müssen alle privaten Kommunikationspartner über die geänderte E-Mail-Adresse informiert werden. Erfahrungsgemäß vergisst man den einen oder anderen Kommunikationspartner. Deren E-Mails werden dann aber eventuell von den Unternehmensmitarbeitern gelesen, die Ihre Mailbox übernommen haben.

Die geschäftliche E-Mail-Adresse wird breit gestreut. Je breiter eine geschäftliche E-Mail-Adresse verteilt wird, desto größer ist die Gefahr, dass sie von Spam-Versendern entdeckt wird. Eine Freundin, die Ihnen eine elektronische Grußkarte schickt, überreicht den Spam-Versendern Ihre geschäftliche E-Mail-Adresse praktisch auf dem Silbertablett. Die Folge ist ein erhöhtes Spamaufkommen, das das Unternehmen viel Geld und Sie (unter Umständen) mehr Arbeit kostet.

Geschäftliche und private Aktivitäten sind nicht mehr eindeutig

trennbar. Wer private Transaktionen mit der geschäftlichen E-Mail-Adresse ausübt, kann ungewollt den Eindruck erwecken, er agiere im Auftrag und im Namen des Unternehmens. Er tut es ja schließlich auf dem »Briefpapier« des Unternehmens. Ein privater Beitrag in einem Chatforum oder eine Bestellung bei einem Versandunternehmen können plötzlich auf das Unternehmen zurückfallen. Und damit in letzter Konsequenz auch auf Sie.

Schadsoftware und schädliche Inhalte gelangen ins Unternehmen. Sie können nie ausschließen, dass Sie von privaten Kontakten E-Mails erhalten, die Schaden anrichten können. Seien es Viren, die von den aktuellen Virenscannern noch nicht erkannt werden, oder seien es verbotene oder imageschädigende Inhalte (rassistische Witze etc.). Wenn dem Unternehmen Schaden aus Ihrer privaten Nutzung entsteht, kann es Schadenersatz von Ihnen verlangen.

Nach diesen Ausführungen wundert es Sie wahrscheinlich nicht, dass wir Ihnen dringend davon abraten, das betriebliche E-Mail-System privat zu nutzen. Dies ist aber nicht gleichbedeutend damit, dass wir Ihnen nahe legen, während der Arbeitszeit nie eine private E-Mail zu schreiben. Wenn Ihr Arbeitgeber die private Nutzung des E-Mail-Systems erlaubt (oder zumindest toleriert), erteilt er Ihnen im Prinzip zwei Befugnisse: einmal, die Hardware und die Software zu benutzen. Und zum anderen, einen vernünftigen (also kleinen) Teil Ihrer Arbeitszeit für private Belange zu verwenden. Wenn Sie also auf den ersten Teil verzichten, können Sie trotzdem den zweiten Teil in Anspruch nehmen. Das geht ganz einfach: Besorgen Sie sich eine kostenlose E-Mail-Adresse bei einem Web-E-Mail-Service. Bearbeiten Sie dann Ihre E-Mails über das Internet.[64] Sie vermeiden damit alle Nachteile des betrieblichen E-Mail-Systems: Ihre E-Mails sind sicher vor den Augen Ihrer Kollegen. Sie können die E-Mails zu jeder Zeit und von überall in der Welt abrufen. Beim Wechsel Ihres Arbeitgebers bleibt die E-Mail-Adresse weiterhin unverändert bestehen, und Sie können Ihre E-Mails auch jederzeit auf einem Datenträger sichern. Der einzige Nachteil besteht darin, dass Sie nicht gleich über jede eingehende E-Mail informiert werden. Doch selbst das lässt sich bei einigen Services einfach nachbilden. Sie können sich bei jeder eingehenden E-Mail automatisch eine Information über den Eingang einer privaten E-Mail an Ihre Firmen-E-Mail-Adresse senden lassen.

Doch das ist vielleicht gar keine so gute Idee. Vielleicht wollen Sie sich auch durch private E-Mails nicht aus der konzentrierten Arbeit herausholen lassen. Denn **Sie** wollen ja entscheiden, wann Sie Ihre E-Mails abrufen. Wie lautete gleich noch einmal Ihr persönliches Mantra?

Insgesamt ist es eine gute Idee, sich vor Augen zu halten, weshalb man im Unternehmen ist. Wir haben schon Mitarbeiter erlebt, die wegen ihres ausufernden privaten E-Mail-Verkehrs in große Bedrängnis gekommen sind. Sie bewältigen ihre Arbeit nicht mehr, begingen viele Fehler und fühlten sich vollkommen ausgepowert. Diese Mitarbeiter hatten am eigenen Leibe erlebt, dass die Regel »Wer E-Mails sät, wird E-Mails ernten« auch im privaten Umfeld gilt. Nachdem sie die privaten E-Mails reduziert hatten, klappte es plötzlich beruflich wieder prima.

29. Und was mache ich im Urlaub?

Mit der Anweisung »Und am siebten Tage sollst du ruhen« verschaffte die Bibel dem Menschen die ersten arbeitsfreien Tage. Erst im 20. Jahrhundert erkämpfte die Arbeiterbewegung regulären bezahlten Urlaub. Hinzu kamen später weitere bezahlte arbeitsfreie Tage für Zeitausgleich, Krankheit oder Familienbetreuung. Inzwischen gehen Arbeitgeber davon aus, dass Angestellte im Durchschnitt nur 200 Tage pro Jahr für ihr Unternehmen aktiv sind.

Jahrzehntelang sah es so aus, als würde sich dieser Trend immer weiter fortsetzen: Weniger Zeit für die Arbeit, mehr Zeit für die Mitarbeiter. Aber E-Mail hat auch dies innerhalb kurzer Zeit geändert. Und zwar überall dort, wo Unternehmen ihren Mitarbeitern ermöglichen, E-Mails auch außerhalb des Unternehmens abzurufen. Inzwischen ist die Arbeit tief in die Freizeit der Mitarbeiter eingedrungen. Gemäß einer Befragung von TNS Emnid[65] sichten und bearbeiten 55 Prozent aller Angestellten ihre geschäftlichen E-Mails auch am Abend, an Feiertagen, an Wochenenden, während Krankheiten und sogar im Urlaub.

Nur in den wenigsten Fällen wird dies vom Arbeitgeber explizit erwartet. Meist kommt der Impuls vom Mitarbeiter. Dieser hält es nicht mehr aus, sich ganze 165 Tage vom Geschehen im Unternehmen abzukoppeln. Er ist neugierig. Er hat kein Vertrauen in die Fähigkeiten der Kollegen, die ihn vertreten. Er hat Angst, dass während seiner Abwesenheit Wichtiges ohne ihn entschieden wird. Er braucht das Gefühl, unentbehrlich zu sein. Oder er denkt, dass er ohne den Zusatzaufwand sein Arbeitspensum nicht mehr schaffen kann.

Die Zeiten haben sich definitiv geändert. In der heutigen globalen Wirtschaft mit ihrem enormen Zeitdruck wird von Mitarbeitern mehr erwartet als noch vor einigen Jahren. Mit einer reinen Freizeitgesellschaft können sich die »alten« Industrieländer nicht gegen die aggressiven, hungrigen Staaten wie China oder Korea durchsetzen, in denen ohnehin wesentlich länger gearbeitet wird. Der Einsatzfreude der Mitarbeiter über die normalen Bürostunden hinaus kommt deshalb eine überragende Rolle zu.

Allerdings müssen Sie sich fragen, was für Sie persönlich nützlich und was für Sie schädlich ist. Im Folgenden werden kurz die Optionen diskutiert, die Ihnen offenstehen:

Szenario 1: Sie bearbeiten Ihre E-Mails auch in der Freizeit

Im ersten Szenario rufen Sie Ihre E-Mails regelmäßig in Ihrer Freizeit ab – auch am Wochenende und im Urlaub. Diese Alternative wird häufig von Managern favorisiert, die über entsprechende technische Geräte wie Blackberrys verfügen. Das Hauptargument für diese Vorgehensweise lautet:»Ich schaue lieber täglich einmal eine halbe Stunde in meine E-Mails, als dass ich nach meiner Rückkehr von einem Berg von E-Mails erschlagen werde.« Das ist zwar nachvollziehbar, aber erfahrungsgemäß ist es mit den zitierten 30 Minuten meist nicht getan. Oft arbeitet man länger als eine Stunde – ohne wirklich alles erledigen zu können. Anschließend lassen uns die unerledigt gebliebenen Dinge nicht richtig zur Ruhe kommen. Gerade während längerer Auszeiten wie dem Urlaub ist dies kontraproduktiv. Urlaub dient der Entspannung und sollte von Ihnen auch dazu genutzt werden. Wer ständig unter Strom steht, verliert seine Innovations- und Spannungskraft.

Wir raten deshalb vom Abruf im Urlaub ab. Setzen Sie sich eine Grenze, bis zu der die geschäftliche E-Mail in Ihre Freizeit eindringen darf – und keinen Millimeter weiter. Sie könnten z. B. definieren, dass Sie unter der Woche durchaus Ihre E-Mails abends noch einmal checken, wenn Sie auf Geschäftsreise sind, und dass Sie dies auch während Krankheitstagen tun. An Wochenenden und im Urlaub würden Sie bei dieser Festlegung Ihre geschäftlichen E-Mails jedoch niemals abrufen.

Wenn Sie Ihre persönliche Abrufpolitik formuliert haben, müssen Sie sich anschließend genau an diese halten. Wenn Sie Ihre eigene Grenze auch nur einmal überschreiten und z. B. am Wochenende Ihre E-Mails beantworten, werden es Ihre Kommunikationspartner nämlich künftig immer von Ihnen erwarten.

Szenario 2: Sie bearbeiten Ihre E-Mails bei längerer Abwesenheit nicht

Sobald Sie entschieden haben, Ihre E-Mails bei längerer Abwesenheit wie Urlaub oder Krankheit nicht zu bearbeiten, stellt sich eine Frage: Wie soll mit den während Ihrer Abwesenheit eingehenden E-Mails verfahren werden?

Eine übliche Praxis besteht darin, den Sender per automatischer Antwort auf die Abwesenheit hinzuweisen.[66] Dass dies nicht immer professionell geschieht, hat jeder von uns schon erlebt. Eine gute Abwesenheitsnotiz enthält die Information, wie lange Sie weg sind, und erklärt, was bis dahin mit den eingehenden E-Mails geschieht. Ferner werden die Kontaktdaten für einen Vertreter benannt. Auch eine Grußformel sollte enthalten sein.

Beispiel:

Bis einschließlich 14.02.2008 bin ich außer Haus. Eingehende E-Mails bleiben bis zu meiner Rückkehr unbearbeitet. Bitte wenden Sie sich in dringenden Fällen an meine Vertretung, Frau Bettina Muster, bmuster@beispielag.de. Telefon ++49-40-1234567.

Freundliche Grüße

Tim Beispiel

Die im Beispiel enthaltene Praxis, dem Sender mitzuteilen, er möge sich mit seinem Anliegen gegebenenfalls an einen Vertreter wenden, ist durchaus üblich. Sehr kundenfreundlich ist sie aber sicherlich nicht. Stellen Sie sich einfach vor, die Poststelle Ihres Unternehmens würde alle eingehende Briefpost mit dem Kommentar an die Absender zurückschicken, Sie wären gerade im Urlaub und der Absender möge doch bitte einen neuen Brief an Ihren Vertreter schreiben oder sich bis zu Ihrer Rückkehr gedulden. Der eine oder andere Kunde würde seine Bestellung unter diesen Umständen wahrscheinlich doch wohl lieber an die Konkurrenz schicken, als auf Ihr Ansinnen einzugehen.

Auch für Sie ist die oben genannte Praxis nicht ideal. Wenn Sie an den Arbeitsplatz zurückkommen, finden Sie unter Umständen Tausende unbearbeitete E-Mails in Ihrem Postfach. Die Aufarbeitung beansprucht Tage und lässt Sie wünschen, nie weggefahren zu sein. Da Sie nicht wissen, welcher Absender sich mit seinem Anliegen an den von Ihnen genannten Vertreter gewendet hat, müssen Sie auch immer noch die Kommunikation Ihres Stellvertreters im Auge behalten.

Tipp:
Sofern Sie nach dem Urlaub mit vielen E-Mails konfrontiert sind, sortieren Sie die E-Mails nicht nach dem Datum, sondern nach dem Absender. Sichten Sie dann zunächst alle E-Mails Ihres Stellvertreters (der Sie hoffentlich auf alle seine E-Mails kopiert hat). Mit diesem Wissen gehen Sie die E-Mails Absender für Absender durch. Fangen Sie mit den wichtigen Personen an.

Eine andere – bessere – Alternative besteht darin, alle eingehenden E-Mails per automatischer Regel an Ihren Stellvertreter weiterzuleiten. Löschen Sie dann ebenso automatisch alle weitergeleiteten E-Mails aus Ihrem Posteingang. Sonst würden Sie bei Ihrer Rückkehr wieder einen riesigen Berg von E-Mails vorfinden. Entscheidend ist natürlich, dass Ihr Stellvertreter weiß, dass er alle E-Mails bearbeiten oder zumindest für Sie aufbewahren muss. Aus Sicht des Kunden hat diese Vorgehensweise den Vorteil, dass sich jemand unmittelbar seiner Angelegenheit annimmt – wie es bei regulärer Briefpost vollkommen selbstverständlich ist. Für Sie wird die Rückkehr wesentlich entspannter. Sie erhalten die wichtigen Vorgänge von Ihrem Stellvertreter ordentlich übergeben. Unwichtiges ist gelöscht.

Bei der automatischen Weiterleitung an einen Vertreter können Sie auf eine Autoresponder-Nachricht verzichten. Sofern in Ihrem Beruf allerdings die persönliche Beziehung sehr wichtig ist – wie z. B. im Verkauf –, können Sie trotzdem eine Abwesenheitsnotiz wie die folgende schreiben:

Beispiel:
Ich bin bis einschließlich 14.02.2008 außer Haus. Ihre E-Mail ist jedoch für uns wichtig und wird deshalb von meinen Kollegen bearbeitet.
Freundliche Grüße
Tim Beispiel

Der Einsatz von Regeln und Abwesenheitsassistenten ist dann problemlos, wenn Sie diese vor Ihrer Abwesenheit aktivieren können. Leider ist dies nicht immer der Fall. Selbst bei lang geplanten Abwesenheiten wie Urlaub vergisst man manchmal in der Hektik schlichtweg die Aktivierung. Und bei ungeplanter Abwesenheit ist es erst gar nicht möglich. Nur selten weiß man schon am Vortag, dass man am nächsten Tag zu krank ist, um ins Büro zu kommen. Sofern Sie die Regeln selbst über das Internet einschalten können, ist das Problem gelöst. Falls Ihnen dies nicht möglich ist, brauchen Sie einen Stellvertreter (und sei es der E-Mail-Administrator), der dies für Sie macht. Denken Sie auch daran, dass bis zur Aktivierung wichtige E-Mails eingetroffen sein könnten, die nicht unbearbeitet bleiben dürfen.

Die Nutzung von automatischen Funktionen für das Weiterleiten und das Löschen von Eingangs-E-Mails ist eine gute Sache. Die allerbeste Alternative für eine Urlaubsvertretung sind diese Funktionen aber nicht. Die beste Lösung besteht darin, dem Stellvertreter direkten Zugriff auf den E-Mail-Posteingang zu gewähren.

Vor allem in kleinen Firmen geschieht das häufig sehr pragmatisch, indem der Stellvertreter das Passwort für den gesamten Rechner des Abwesenden erhält. Er setzt sich zur Bearbeitung von dessen E-Mails dann einfach an den Arbeitsplatz des fehlenden Kollegen. So hat er nicht nur die gesamten E-Mails, sondern auch alle anderen Daten des Vertretenen direkt im Zugriff. Was bei kleineren Firmen tägliche Praxis ist, treibt in größeren Firmen den Verantwortlichen den Angstschweiß auf die Stirn. Für sie ist es aus Sicherheitsgründen inakzeptabel, dass der Stellvertreter Zugang zu sämtlichen Daten (auch den privaten Ordnern) des Vertretenen erhält und unter dessen Identität jede mögliche Aktion tätigen kann. Deshalb darf das persönliche Rechnerpasswort in diesen Unternehmen niemals weitergegeben werden. Und im Prinzip ist das auch richtig so. Selbst wenn Sie in einem Kleinunternehmen beschäftigt sind, sollten Sie Ihr Rechnerpasswort nur dann weitergeben, wenn Ihr Chef Sie dazu explizit auffordert.

Statt den ganzen Rechner zu übergeben, reicht es, wenn Sie lediglich Ihren E-Mail-Account freigeben. Mit den Serverzugangsdaten sowie Ihrem Passwort kann der Vertreter von seinem eigenen Rechner aus auf alle neu eingehenden E-Mails zugreifen – und auf alle Ordner, die auf dem Server liegen. Alle E-Mail-Daten, die lokal auf Ihrem PC liegen, kann er nicht einsehen. Und auch nicht die Dateien, die im Dateisystem liegen.

Die mit Abstand beste Alternative ist es, die Stellvertreterregelung zu nutzen, die in den großen E-Mail-Systemen enthalten ist. Wenn Sie dort einen Kollegen als Ihren Stellvertreter definieren, geben Sie ihm von seinem Rechner aus Zugriff auf Ihren E-Mail-Account. Sie können diesen Zugriff jederzeit ein- und ausschalten. Sie können ihn auf bestimmte E-Mail-Ordner beschränken. Sie können ferner noch definieren, was der Vertreter darf und was nicht.

Häufig wird eingewandt, dass es keinen hinreichend qualifizierten Stellvertreter gäbe. Und in einigen Fällen hat sich das bei unseren Nachprüfungen auch bestätigt. Einmal war der betreffende Mitarbeiter wirklich der Einzige in der ganzen Abteilung, der Russisch sprach. Trotzdem gab (und gibt) es jemanden, der per Definition an der Erledigung der Aufgabe interessiert sein muss: der Chef. Anstatt über Wochen den Posteingang unbeaufsichtigt zu lassen, ist es im Zweifel besser, den Vorgesetzten als Stellvertreter einzusetzen.

In der Regel gibt es aber qualifizierte Kollegen, die Sie vertreten können. Sie müssen lediglich bereit sein, Ihr Wissen zu teilen und selbst gelegentlich als Stellvertreter einzuspringen. Die Angst, Sie könnten der internen Konkurrenz einen unnötigen Vorteil verschaffen ist meist unbegründet. In einigen Unternehmen ist es sogar eine der wichtigsten Grundaufgaben eines jeden Mitarbeiters, einen Stellvertreter derart zu qualifizieren, dass dieser schon am nächsten Tag den Job übernehmen könnte. Wer dies nicht schafft, kommt auf der Karriereleiter nicht eine einzige Sprosse weiter nach oben.

Eine andere häufig geäußerte Sorge betrifft die privaten sowie vertraulichen E-Mails. Diese sollen Dritte nicht sehen können. Im vorangegangenen Kapitel haben wir schon darüber gesprochen, dass private E-Mails eigentlich nicht ins E-Mail-System des Unternehmens gehören. Sofern Sie trotzdem nicht davon lassen wollen, können Sie die E-Mails privater Kommunikationspartner sofort bei Eingang über eine Regel in einen privaten Ordner verschieben lassen, auf den der Stellvertreter keinen Zugriff hat. Sofern der Absender seine E-Mail als »privat« gekennzeichnet hat und sowohl er als auch Sie Exchange benutzen, kann der Stellvertreter diese E-Mail selbst dann nicht sehen, wenn sie im Posteingang liegt. Allerdings treffen diese Voraussetzungen nur in den seltensten Fällen zu.

Vertrauliche E-Mails, die von einem Stellvertreter eingesehen werden können, sollte es nicht geben. Vertrauliches gehört – wie bereits ausführlich diskutiert – ausschließlich in verschlüsselte E-Mails. Was tun Sie aber, wenn Ihr Unternehmen dies nicht so sieht? Nun, dann bleibt für Sie wohl wieder nur ein

Stellvertreter übrig: Ihr Chef! Spätestens nach der dritten Vertretung für den sechsten Mitarbeiter wird er einen Weg finden, wie das Problem einfacher gelöst werden kann.

30. Was meint mein Arbeitgeber?

Wir haben in diesem Buch praktisch nur über Sie und Ihre Interessenlage gesprochen. Denjenigen, auf dessen Eigentum Sie diese Ratschläge ausprobieren sollen, haben wir weitgehend ausgeschlossen: Ihren Arbeitgeber. Vielleicht fragen Sie sich, wie er den Tipps in diesem Buch gegenübersteht. Und: Wie er es aufnehmen wird, wenn Sie plötzlich anfangen, die betriebseigene E-Mail effizient zu nutzen.

Wir würden Ihnen an dieser Stelle gerne schreiben, dass Sie und Ihre neuen Ideen von Ihrem Unternehmen mit offenen Armen aufgenommen werden. Doch das ist eher unwahrscheinlich. Die Wahrheit ist, dass aktuell zwar viele Unternehmen E-Mail-Kultur als Problem erkannt haben, aber nur die wenigsten schon bereit sind, nennenswert in diese zu investieren. Sie werden deshalb wahrscheinlich auf das stoßen, was Sie gewohnt sind: Das Unternehmen überlässt es Ihnen, die richtige Arbeitstechnik zu suchen. Sie gehen aber zumindest kein Risiko ein und werden auch kaum auf Widerstand stoßen, wenn Sie diese Tipps und Tricks im Betrieb umsetzen. Alle Ratschläge resultieren aus Projekten zur E-Mail-Effizienz in deutschsprachigen Unternehmen. Sie sind damit immer auch im Interesse des Unternehmens.

Erfahrungsgemäß kann immer nur ein einziger Punkt problematisch werden: Er betrifft die Erwartungshaltung, wann und wie oft E-Mails bearbeitet werden müssen. Sofern Sie bislang »always on« waren, könnte es Stirnrunzeln geben, wenn Sie plötzlich Ihre E-Mails nur noch sehr kontrolliert abrufen. Unter Umständen wird Ihr Chef Sie darauf ansprechen. Wir möchten Sie ermutigen, nicht gleich klein beizugeben. Verteidigen Sie Ihre Position. Sie ist wichtig, damit Sie Ihren Job langfristig und qualitativ hochwertig erledigen können. Das ist auch im Interesse des Unternehmens und sollte von Ihnen so herausgestellt werden. Unserer Erfahrung nach fordern Chefs oft zunächst die »eierlegende Wollmilchsau« (E-Mails ständig abrufen und sofort bearbeiten, aber dabei alle anderen Aufgaben vollständig und in bester Qualität erledigen), sehen bei einer Diskussion dann aber durchaus ein, dass dies unrealistisch ist. Falls dies bei Ihrem Chef nicht der Fall ist, so müssen Sie sich wohl oder übel an den »Firmenstandard« anpassen – aber immer am unteren Ende!

Sofern Sie das Glück haben und in einem Unternehmen arbeiten, das beginnt, seine E-Mail-Kultur zu gestalten, so werden Sie mit dem in diesem Buch vermittelten Wissen als Pionier in vorderster Front marschieren können. Natürlich gibt es bei unternehmensweiten E-Mail-Effizienzprogrammen zusätzliche Maßnahmen und »Stellschrauben«. Schließlich hat das Unternehmen viel mehr Einflussmöglichkeiten als Sie – und zusätzliche Interessen. Sie werden also auch dann noch dazulernen können.

31. Und nun?

Sie sind am Ende des Buches angekommen. Zeit, sich Gedanken zu machen, was Sie gelernt haben und was sich ändern soll. Erinnern Sie sich an wichtige Aussagen dieses Buches, indem Sie die folgenden Texte ergänzen und sich wichtige Erkenntnisse notieren.

1. E-Mail ist nicht nur hilfreich und nützlich, sondern auch

_____

2. Wie heißt das Mantra, das Ihren Umgang mit E-Mail bestimmen sollte?

»Ich bin

_____ «

3. Wie heißt das Grundgesetz der E-Mail-Kommunikation?

»Wer E-Mail sät,

_____ «

4. Was waren die fünf wichtigsten Erkenntnisse für Sie?

_____

_____

_____

5. Was soll sich in Zukunft bei Ihnen ändern?

_____

Und zum Abschluss: Beantworten Sie den Fragebogen in Kapitel 2 noch einmal und überlegen Sie sich, weshalb Sie an einigen Stellen nun abweichende
Antworten geben. Und warum Sie bei anderen Antworten bleiben.

Viel Erfolg wünschen Ihnen
Wolfgang Schur und Günter Weick

Dienstleistungen von Günter Weick und Wolfgang Schur

Möchten Sie noch mehr über das Thema E-Mail-Effizienz lernen? Das Gelernte verfestigen? Dann ist das computergestützte Ausbildungsprogramm E-Mail-Star von Weick/Schur genau das Richtige.

* **E-Mail-Star-Training**. Über das Internet erarbeiten Sie sich in vier bis sechs Stunden die wichtigsten Grundregeln des effizienten Umgangs mit E-Mail und üben diese in über 100 Übungen und Tests ein. Mehr dazu unter www.softrust.com.

Sie interessieren sich für eine Lösung für Ihr ganzes Unternehmen? Die Unternehmensberatung der beiden Autoren bietet seit 2001 ein umfangreiches Dienstleistungspaket zur E-Mail-Optimierung für Unternehmen und Behörden an. Die Dienstleistungen sind für alle großen E-Mail-Systeme verfügbar.
Im Einzelnen werden angeboten:

* **E-Mail-Audit:** Ist-Erhebung der bestehenden E-Mail-Kultur unter den Gesichtspunkten Effizienz, Risiken und Professionalität.
* **Verbesserung bestehender Prozesse und Strukturen:** Adaption von E-Mail-Systemen, Erstellung von E-Mail-Richtlinien etc.
* **Veränderung der E-Mail-Kultur:** Über mehrere Stufen wird die E-Mail-Kultur eines Unternehmens verändert, um effizienter, risikoloser und professioneller zu arbeiten.
* **E-Mail-Schulung und Seminare:** Differenzierte Ausbildungsprogramme berücksichtigen die besonderen Interessenlagen von Sachbearbeitern, Managern, Sekretärinnen und Vertriebsbereichen. Für Top-Manager ist ein Einzel-Coaching möglich.
* **Vorträge:** Die Autoren referieren zum Thema E-Mail-Kultur und E-Mail-Effizienz.

Mehr Informationen bei
SofTrust Consulting GmbH
Lindenstraße 23
D-85247 Schwabhausen
Telefon 0170-Softrust (0170-76387878)

www.softrust.com
info@softrust.com

Anmerkungen

1 Die grundsätzliche Architektur von E-Mail mit ihren notorisch niedrigen Hürden (bzgl. Benutzung, Sicherheit etc.) kann zum Leidwesen vieler IT-Leiter nicht mehr geändert werden.

2 E-Mail wurde innerhalb eines Jahres die mit Abstand meistgenutzte Anwendung im historischen Arpanet.

3 Z. B. Studie von SofTrust Consulting, Mai 2007. www.softrust.com

4 SofTrust Consulting, Mai 2007. www.softrust.com

5 Prognose für Ende 2007 durch Radicati Group, Mai 2007

6 Symantec-Studie, Dezember 2005, Ergebnis aus 17 europäischen Ländern (bei 1.700 Unternehmen mit über 500 Mitarbeitern)

7 Sofern Sie unter 2 Minuten pro E-Mail ansetzen, sollten Sie sich das noch einmal genau überlegen. Es gibt zwar E-Mails, die man in 10 Sekunden abhaken kann (löschen!), aber auch viele E-Mails, an denen man 15 Minuten und länger sitzt.

8 Der verbleibende Rest des Effizienzsteigerungspotenzials kann nur durch eine konzertierte Aktion des Unternehmens gehoben werden. Er liegt weitgehend außerhalb der Änderungsmöglichkeiten einzelner Anwender.

9 ADS steht für Aufmerksamkeits-Defizit-Syndrom. Dies ist eine eigentlich bei Kindern häufig diagnostizierte Störung, die sich in niedriger Konzentrationsfähigkeit, leichter Ablenkbarkeit und geringem Durchhaltevermögen äußert.

10 Second Life ist eine Internetplattform, bei der man in eine Rolle schlüpfen kann.

11 Ernst Pöppel in SPIEGEL ONLINE, 1. Juli 2007

12 Diese Sichtweise wird E-Mail natürlich auch nicht vollkommen gerecht. Aber aus »therapeutischen Zwecken« macht es Sinn, zunächst einmal diese sehr einseitige Sichtweise einzunehmen.

13 Studie des Henley Management College im Auftrag von Plantronics. Befragt wurden 180 Manager in Deutschland, Großbritannien, Dänemark und Schweden. Veröffentlicht im Juni 2007.

14 Aldi, HL und Lidl sind deutsche Lebensmitteldiscounter.

15 Einfache »Abstimmungsentscheidungen« (»Soll das Meeting um 14 Uhr oder 15 Uhr beginnen?«) sind ausgenommen. Dafür bieten E-Mail-Systeme teilweise sogar eigene »Abstimmfunktionen«.

16 In unseren Projekten erfahren wir immer wieder, dass solche Danke-E-Mails nicht wirklich wertgeschätzt werden.

17 Welch hatte mit Sicherheit selbst eines. Wenngleich wir bezweifeln, dass er es selbst je intensiv nutzte.

18 Es fehlen Funktionen für die Formatierung. Außerdem will (oder muss) der Sender den Text möglichst kurz halten, was oft zu sehr kryptischem Satzbau führt, der an die alte Telegrafenzeit erinnert.

19 Sofern Sie es vergessen haben, lesen Sie das Kapitel 9 noch einmal durch.

20 Die von einem IBM-Manager gestartete »Slow-E-Mail«-Bewegung hält sogar den einmaligen E-Mail-Abruf für vollständig ausreichend.

21 SofTrust Consulting, Mai 2007

22 New Scientist Magazine, Ausgabe 2497, 30. April 2005, S. 6

23 Die reißerische Aufmachung der Veröffentlichung lautete: »E-Mail macht dumm!«

24 http://www.nachrichten.ch/detail/274887.htm, 7. Mai 2007

25 Times Newspaper, 22. April 2005, http://www.timesonline.co.uk/tol/news/tech_and_web/personal_tech/article384212.ece

26 Sehr spezielle Art der Sehnenscheidenentzündung, die weniger das Handgelenk als die Finger- respektive die Daumengelenke befällt und v. a. bei Benutzern von Blackberrys anzutreffen ist.

27 Zumindest solange das nicht explizit in Ihrem Arbeitsvertrag steht.

28 Diese können Sie bei manchen E-Mail-Programmen automatisch farblich kennzeichnen lassen.

29 Darunter verstehen wir E-Mails, die von Kollegen oder Freunden an Sie weitergeleitet werden und die der reinen Unterhaltung dienen. Die meisten dieser E-Mails enthalten witzige PowerPoint-Präsentationen, skurrile Fotos, Videoclips etc. Fun-E-Mails sind auch eine beliebte Methode, um Computerviren, Trojaner und Würmer zu verteilen.

30 Bei manchen E-Mail-Systemen ist dies grundsätzlich nicht möglich. Bei anderen E-Mail-Systemen ist die Fähigkeit vom Format der E-Mail abhängig (z. B. Text, HTML, RTF etc.).

31 Jedoch nur, wenn der Empfänger dies erwartet. Sie möchten ja keine unnötigen E-Mails säen.

32 Dies ist nur bei jenen E-Mail-Programmen möglich, die es erlauben, eine empfangene E-Mail zu verändern.

33 Zur Organisation mehr im nächsten Kapitel

34 Je nach E-Mail-Programm wird diese Funktion auch »Attribute«, »Schlagworte« etc. genannt.

35 Bei dieser Variante können Sie im Prinzip auch auf die Vergabe von Kategorien verzichten. Schließlich enthält der Ordner »Offene Vorgänge« ausschließlich unvollständig bearbeitete E-Mails. Es ist trotzdem nützlich, auf einen Blick zu wissen, weshalb eine E-Mail in diesem Ordner liegt (»Noch zu lesen«, »Einpflegen«, »Warten auf Antwort« etc.).

36 Teilweise auch »Virtuelle Ordner« oder »Views« genannt

37 Dies funktioniert nicht bei allen E-Mail-Systemen, da einige E-Mail-Programme die Veränderung von E-Mails unterbinden.

38 Die Zahlen müssen mit einer führenden Null versehen werden. Sonst ist die Sortierung nicht aufsteigend.

39 Oder »Laufender Monat«

40 Die Verfechter dieser Richtung favorisieren auch überwiegend die Auffassung »Niemals eine E-Mail löschen!«. Reine Menge ist in ihren Augen kein Problem.

41 »The Hamster Revolution«, Berrett-Koehler, 2007

42 »FW:«, »Fwd:«, »WI:«, »WG:« etc.

43 Für gewöhnlich farblich, mit einer Linie auf der Seite oder mit einem bestimmten Zeichen (meist »>«)

44 »AW:«, »Re:« etc.

45 Bei »Antworten« wird der Absender in den Verteiler der neuen E-Mail kopiert. Bei »Allen Antworten« werden alle im alten Verteiler enthaltenen Personen mit ihrem jeweiligen Status (»An:«, »Cc:«) in den neuen Verteiler übernommen.

46 »Würde ich diese E-Mail auch dann noch schreiben, wenn ich sie ausdrucken und eigenhändig drei Stockwerke höher abgeben müsste?« Vergleiche auch Kapitel 11.

47 Es ist ein Irrtum, dass immer alle über alles informiert werden wollen. Die meisten Menschen haben schon alleine mit dem, was sie unmittelbar angeht, genug zu tun.

48 Ein internationaler E-Mail-Standard (X.400) scheiterte nicht zuletzt daran, dass der Aufwand für die Eingabe der E-Mail-Adresse viel größer war als beim Internetstandard.

49 Nach Untersuchungen führen 10 Empfänger zu durchschnittlich 6 Antworten.

50 »Würde ich diesem Empfänger auch dann diese E-Mail senden, wenn ich sie ausdrucken und eigenhändig drei Stockwerke höher abgeben müsste?«

51 Neuerdings wird Cc auch oft mit »Courtesy copy« (Höflichkeitskopie) übersetzt.

52 Darüber, dass man Kritik nicht per E-Mail äußern sollte, haben wir bereits gesprochen.

53 2004, Studie von SurfControl bei 400 IT-Verantwortlichen in Großbritannien

54 So trivial diese Forderung ist, so häufig sehen wir bei unseren Projekten leere Betreffzeilen.

55 Würden Sie eine Tageszeitung kaufen, die über keinerlei Überschriften verfügt?

56 Aber Vorsicht bei mehreren Ausrufezeichen. Dies wird von einigen Spam-Filtern als Zeichen für Spam interpretiert.

57 Gehen Sie davon aus, dass jede Ihrer E-Mails weitergeleitet wird. Selbst dann, wenn dick »vertraulich« darauf steht. Bei E-Mail wird die Weiterleitung als lässliche Sünde angesehen.

58 Die reine Kleinschreibung zeigt anschaulich, dass es überhaupt keine Rolle spielt, was sich der Absender einer Nachricht denkt. Entscheidend ist einzig, was der Empfänger empfindet. Und wenn der sich durch eine reine Kleinschreibung gekränkt fühlt, gibt es nichts, was ihn davon abbringt, entsprechend zu reagieren.

59 Aus technischen Gründen blähen sich die meisten Dateiformate bei der E-Mail-Übertragung auf die 1,5-fache Größe auf.

60 Die Software zum »Knacken« solcher Verschlüsselungen ist unter dem Stichwort »Passwort-Recovery« im Netz leicht zu finden, auch als kommerzielle Software.

61 Es gibt E-Mail-Systeme, die eine »Rückholfunktion« anbieten. Diese funktionieren allerdings nur innerhalb des betreffenden Systems und verhindern auch nicht immer, dass Empfänger die E-Mail trotzdem lesen können.

62 Über 60 Prozent der von SofTrust Consulting durchgeführten E-Mail-Kultur-Projekte gehen auf die Initiative der Mitarbeiter zurück. Meistens ergibt sich der Anstoß aus Mitarbeiterzufriedenheitsbefragungen.

63 Dies kann bis zur Entlassung führen.

64 Allerdings geht dies nur, wenn das Unternehmen nicht den Zugang zu solchen Web-Mailern technisch versperrt.

65 Mai 2006, befragt wurden 1.005 Deutsche über 14 Jahre.

66 Autoresponder sind bei einigen Unternehmen allerdings aus Sicherheitsgründen verboten.

»Der giftig-ironische Wegweiser in die Zentralen der Macht«

Frankfurter Allgemeine Zeitung

Wolfgang Schur
Günter Weick
Wahnsinnskarriere
Wie die Karrieremacher tricksen,
was sie opfern,
wie sie aufsteigen
256 Seiten · broschiert
€ 16,90 (D) · sFr 32,–
ISBN 978-3-8218-5605-6

Selbstbewusst und gut gekleidet sitzt der junge Trainee im Abteil Erster Klasse eines ICE und erarbeitet Zahlenmaterial auf dem Laptop. Ein distinguierter älterer Herr verstört ihn zutiefst: Wer sich hingebungsvoll seinem PC zuwendet, werde wohl nie Karriere machen. Denn wirklich erfolgreiche Menschen benützen keine Computer.

Mit der Geschichte des jungen Einsteigers entlarven die Ex-Manager Wolfgang Schur und Günter Weick die Tricks und Kniffe der Superstars und Karrierewunder und bringen sie in sechzehn knallharten Grundregeln für den erfolgreichen Aufstieg auf den Punkt.

»Wie man Karriere macht und am Ende sogar oben bleibt.«
Jörg Albrecht, Die Zeit

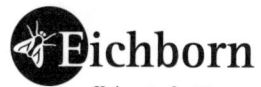

Kaiserstraße 66
60329 Frankfurt/Main
Tel. 069/25 60 03-0
Fax 069/25 60 03-30
www.eichborn.de